孙亚飞·著
钟钟插画工作室－张九尘·绘

化学元素魔法课

元素的实用魔法

U0172779

天地出版社 | TIANDI PRESS

图书在版编目(CIP)数据

化学元素魔法课. 元素的实用魔法 / 孙亚飞著. —
成都: 天地出版社, 2023.11 (2024.3重印)
　ISBN 978-7-5455-7953-6

　Ⅰ.①化… Ⅱ.①孙… Ⅲ.①化学元素—青少年读物
Ⅳ.①O611-49

　中国国家版本馆CIP数据核字(2023)第182422号

HUAXUE YUANSU MOFAKE · YUANSU DE SHIYONG MOFA

化学元素魔法课·元素的实用魔法

出 品 人	杨　政	责任校对	张思秋
作　　者	孙亚飞	装帧设计	刘黎炜
绘　　者	钟钟插画工作室-张九尘	营销编辑	魏　武
总 策 划	陈　德	责任印制	葛红梅
策划编辑	王加蕊		
责任编辑	王加蕊　沈欣悦		

出版发行	天地出版社
	(成都市锦江区三色路238号　邮政编码:610023)
	(北京市方庄芳群园3区3号　邮政编码:100078)
网　　址	http://www.tiandiph.com
电子邮箱	tianditg@163.com
总 经 销	新华文轩出版传媒股份有限公司

印　　刷	北京雅图新世纪印刷科技有限公司
版　　次	2023年11月第1版
印　　次	2024年3月第2次印刷
开　　本	787mm×1092mm　1/16
印　　张	5.5
字　　数	100千字
定　　价	30.00元
书　　号	ISBN 978-7-5455-7953-6

我们生活的这个世界是由物质构成的。

无论吃饭、睡觉，还是读书、工作，我们都离不开各种物质的帮助。那些制作餐具用的陶瓷、制作床用的木头、制作书籍用的纸张、制作电脑用的半导体，都是各式各样的物质。它们的种类太多，多到实在数不清。

很久很久以前，人们就已经注意到这个事情。他们想不通，为什么物质世界会如此多彩，如此复杂。这时候，有些人想到，很多物质可以互相转变，比如，铁会变成铁锈，木头燃烧之后会变成灰烬。既然这样，会不会所有物质的源头都是一样的呢？这个源头就像是大树的树根一样，而大树不停地生长，变得枝繁叶茂。这棵大树的每一片叶子、每一根树枝都代表了一种物质。

最初提出这个想法的是一位名叫泰勒斯的哲学家,他生活在大约2600年前的古希腊。泰勒斯认为世界万物的本源就是水。为什么这么说呢?他讲出了自己的理由:水本是一种液体,可它会结冰变成固体,还可以化作一缕烟飘走。

现在我们都已经知道,这是水在不同温度下呈现的液、固、气三种状态。无论是水、冰还是水蒸气,水这种物质本身并没有发生变化。但是,在泰勒斯生活的那个时代,人们对于物质的结构和状态还没有足够的认识,大家都觉得泰勒斯说得挺有道理的。

有些哲学家沿着泰勒斯的思路继续探索,又在水之外找到了其他一些物质的本源。后来,亚里士多德在前人的基础上,总结出了"四大元素"理论——尽管这个说法最早是由恩培多克勒提出的,但是亚里士多德让它深入人心。

所谓"四大元素",指的是水、火、气、土这四种"元素"(也有版本译为水、火、风、地),"元素"这个词的含义就是本质。亚里士多德认为,只要有这四种"元素",通过不同的配比,就可以配出所有的物质。而且,他还指出这四种"元素"具有冷、热、干、湿的性质,比如,水就是冷而湿的,火就是热而干的。调配不同物质的方法就是根据这些性质推演的。

尽管用现在的眼光来看,四大元素说的原理近乎荒谬,但是放到2000多年前,"元素"的思想却是非常先进的。后来,中国的哲学家也提出了"五行"的思想,包括金、木、水、火、土五种"物质",这也是元素理论的雏形。

在亚里士多德之后,又有很多哲学家发展了四大元素说。可是1000

多年过去了，哲学家们都未能突破这个理论的框架。水、火、气、土的说法已经深入人心，甚至影响到生活中的方方面面。

直到 17 世纪时，英国有一位叫波义耳的科学家，他对亚里士多德的理论有所怀疑，写下著名的《怀疑派化学家》一书，阐述了他的看法。在他看来，关于元素的定义不应该脱离实际，而是应该从物质本身出发，找出真正的本质。因此，他认为元素应该是最简单的物质，最纯粹的物质，不能分解出其他物质。

在波义耳这个思想的指导下，早期的化学家们就开始用实验论证，到底哪些物质是不可以再被分解的纯粹物质？很快，像金、银、铜、铁、汞、铅、硫等物质就被证明是不可再分解的物质，属于元素。

而在这些化学家中，有一位名叫拉瓦锡的法国科学家居功甚伟。

拉瓦锡在实验和理论方面都很有造诣。当了解到同行普里斯特利和舍勒发现了一种能够促进燃烧的气体时，他敏锐地意识到，这是一种新的元素，并且能够彻底解释自古以来困扰思想家们的燃烧问题。

这是拉瓦锡第一次论证了燃烧的氧化反应本质。氧元素的发现，重新书写了人类的物质观。拉瓦锡乘胜追击，证明了所有元素都有实体，所以任何元素都会有质量，并且各种元素在化学反应前后，总质量并不会发生变化，这就是质量守恒定律。

不过拉瓦锡还是想不明白，为什么被他列为元素的"光"和"热"却始终称不出质量。后来，他的一些后继者证明，光和热不同于我们熟悉的各种物质，关于它们是什么的讨论，一直持续到 20 世纪初的量子力学知识大爆炸时期。

在拉瓦锡之后，道尔顿提出"原子论"，为元素理论研究补上了最重要的一块拼图。道尔顿认为，所有元素都存在最小的微粒单元，这个微粒便是原子。同一种元素的原子相同，不同元素的原子则不相同。换句话说，元素就是对物质最小单元的一种分类。如果把原子比作人，那么元素就好比人的姓氏，把不同的人群区分开来。当我们说到氧元素的时候，它既可以代表具体的氧原子，也可以是包含所有氧原子的一个概念。

有了更为精确的区分标准，科学家对元素的理解也更加深刻。到 19 世纪中期，已经有 60 多种元素被识别出来，远远超出了亚里士多德的"四大元素"说。有趣的是，按照现代元素的标准来看，水、火、气、土这四种物质都不是元素。哪怕是最初被泰勒斯寄予厚望的水，也是由氢和氧这两种元素构成的。

可是，这么多元素，它们之间存在规律吗？这个问题又让很多的科学家好奇不已。在这些人中，门捷列夫博采众长，又经过仔细的计算，在 1869 年公布了研究成果——元素周期表。这是世界上第一张系统编排的元素周期表，它突出表现了元素性质周期变化的特点，这个特点也被归纳成元素周期律。

在这张元素周期表问世 30 多年后，包括汤姆孙、卢瑟福在内的一批科学家不仅证实了原子的存在，而且论证了原子的结构，并由此揭开了元素周期律的奥秘。

这个奥秘就藏在原子的微观结构中，更具体来说，是原子核中的质子数量。原子的质子数量决定了原子核外围电子的排列方式，进一步决定了它的化学性质。因此，当原子质子数量相同时，它们就会表现出相同的特性，这便是它们被归为同一种元素的理由。随着质子数量的变化，原子最外层的电子也会慢慢增加，等到填满 8 个空位后，又会继续向更外层填入。这样的排列方式，造就了伟大的元素周期律。

地球上一共有 90 多种元素。当质子数量超过 82 之后，原子就会变得不稳定，有一些原子甚至只会存在几秒钟。因此，或许有一些元素曾在地球上出现过，只是我们找不到它们的踪迹了。

至此，人类并没有放弃寻找这些元素的脚步，有一些实在找不到的，就用粒子加速器之类的设备进行制造。这些不在自然界天然存在的元素被称为"人造元素"。到现在为止，包括天然元素和人造元素，人类已经发现了 118 种元素，填满了元素周期表的前七排。在本系列图书中，我讲述了其中一些元素的故事，它们影响了我们生活的方方面面。

元素的故事尚未落幕，更多的故事还在书写中。这倒不是说我们一定要继续寻找更多的元素，而是说，我们对元素的认识依然不够。比如，我们知道铑元素是一种非常杰出的催化剂，可我们无法完全知晓它发挥作用的原理；我们知道石墨烯是碳元素的一种形式，却依然算不出在这种奇妙的分子中，电子如何相互作用。

事实上，人类自身也是由各种元素构成的。2000 多年以来，人类对元素的探索从未停下过脚步。当我们探索元素的时候，我们也在探索我们自己。也许我们永远不能揭晓元素所有的奥秘，但是，这不妨碍我们努力续写这讲不完的元素故事。

孙亚飞

目录

铝

I ǔ

13 号元素
第三周期第 III A 族
相对原子质量：26.98
密度：2.702g/cm³
熔点：660.323℃

铝：飞机为什么要用 铝 来造？

无处不在的铝元素

这一章，我们讲讲铝元素。说起铝，我想你肯定不会陌生，生活中有很多物品都是由铝元素组成的。比如铝合金的窗户、铝合金的山地自行车、易拉罐，等等。有的东西虽然名字里没有铝，但其实也是铝做的。比如厨房里用的锡箔纸，其实应该叫"铝箔纸"才对；在你的爸爸、妈妈小时候，流行一种锅叫钢精锅，它可不是指钢做的锅，而是指铝做的锅；偶尔，我们还能看到一分、二分、五分的硬币，人们也叫它们钢镚儿，但其实它们也是用铝打造的。

你看，铝在我们的生活中，真是无处不在呀！在所有的金属种类中，现在人类应用得最多的是铁，排在第二位的就是铝了。

但是，如果你细心观察，会发现在很多资源地图上，标记出了金矿、银矿、铜矿、铁矿，甚至还标记了一些很少见的金属矿，比如钴矿、稀土矿，却很少看到铝矿。要是问你中国有哪些金属矿，你可能会想到鞍山、

单质沸点：2519℃
元素类别：后过渡金属
性质：常温下为银白色金属
元素应用：航空、建筑、汽车等领域，易拉罐、锡箔纸等生活用品，宝石
特点：耐腐蚀、延展性佳、质量轻、再生效率高

Al
Aluminium

包头、攀枝花的铁矿，甚至你可能还知道招远的金矿、铜陵的铜矿、个旧的锡矿，可就是想不出哪里有铝矿。这就奇怪了，既然铝是一种用量仅次于铁的金属矿物，世上怎么会没有铝矿呢？难道铝是从天上掉下来的？

这当然是不可能的了。

和炼铁需要铁矿石一样，我们提炼铝也要用到铝矿石。只不过，和其他矿石不一样的是，铝矿石实在是太多了。在我们地球的表面，也就是地壳（qiào）的部分，含有很多元素，其中氧元素是最多的，排在第二位的是硅元素，第三就是铝元素。铝元素的总重量比排在第四名的铁元素多出将近一倍！可不要小看这一倍，因为铝还有个特别的地方，那就是它很轻，而且比铁轻多了。假如用一块儿铁可以打造出一枚硬币，用同样重量

称一称
重量吧！

的铝却可以打造出三枚同样大小的硬币。所以，这样一算，你就会发现，地球上铝的可用量不是多，而是很多很多。

当然，并不是所有含有铝元素的矿石都会被用来提炼铝。有一些矿石就算可以用来炼铝，人们也舍不得。比如蓝宝石和红宝石，它们的主要成分是氧化铝，也就是铝元素和氧元素结合形成的物质，但是谁会用这些宝石来炼铝呢？

就算把这些不能炼铝的矿石全都放弃，铝矿石还是比其他金属的矿石多出很多倍。铝矿多到什么程度呢？这么形容吧，你展开一张中国地图，随手一指，然后在那里标记一个"铝矿"。哪怕你标记的地方是在塔克拉玛干沙漠的范围内，说不定都是对的。因为铝矿实在是太多了，所以也就没人在意铝矿的位置了。

法国皇帝不爱金银偏爱铝？

不过，有的同学可能还会觉得有些不对劲。因为很多书里都讲过这样一个故事：法国皇帝拿破仑三世有个特别的爱好，他每次和将军们喝酒的时候，用的都是一只铝制的酒杯，而那些将军用的都是金杯、银杯。而且，拿破仑三世为了彰显自己的尊贵地位，还找工匠专门打造了一顶用铝做成的皇冠。一个皇帝，把铝当成了比金、银还要贵重的稀世宝贝，难道说，拿破仑三世不知道地球上有很多铝吗？

这个呀，其实是两码事。

上一册书中在碳元素那一章里提到，石墨和钻石的成分同样都是碳元素，可石墨不值钱，钻石就很值钱，那是由于把石墨变成钻石很困难。同样地，在拿破仑三世那个时代，因为人们还不会熟练地使用电，想从铝矿石里提炼出铝，是一件非常艰难的事情，比我们现在用石墨制造钻石还难。所以，那个时候虽然人们知道铝元素有很多，但是提炼出来的金属铝的确比金子更值钱。

后来电力技术不断发展，人们炼铝的本事越来越大，才让铝变得这么随处可见。如果现在还有人觉得拿破仑三世的行为很傻，那么我只能说也许一两百年后，那时的人们也会觉得我们现在花高价买钻石是一件很傻的事情。

厉害到上天的元素

虽然现在铝在生活中很常见，但是你可不要小看它。如今的飞机大多是用铝做成的，这又是怎么回事儿呢？

我们就从飞机的制造说起吧！

如果你自己制作过航模，那你肯定知道，飞机要想飞起来，材料是非常关键的。如果材料太轻，像羽毛那样，飞机一飞起来会被风刮得"晕头转向"，就很难控制了。但是，如果材料太重的话，飞机可能连飞起来都做不到。所以，一般用于制作航模的材料，要么是纸板、木板，要么就是塑料、碳纤维，因为它们的轻重适中。

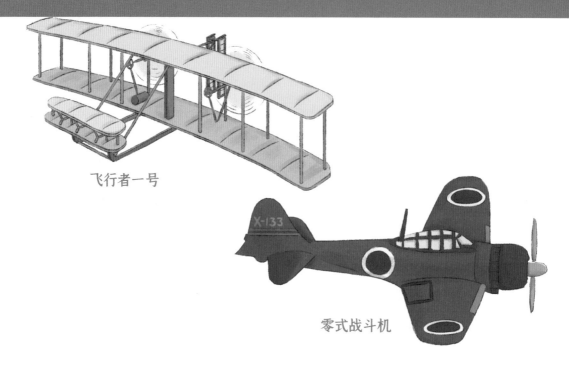

飞行者一号

零式战斗机

　　莱特兄弟制造飞机的时候，还没有塑料，更别说碳纤维了，而纸板又怕水，所以他们很坚定地选择了木板。他们制造的"飞行者一号"，除了发动机，骨架几乎都是木头做成的。

　　木头飞机确实性能很优越，不仅飞行速度很快，而且就算落在水面上也可以漂浮起来。这样即使飞行中出了事故，只要迫降在水面上，飞行员也有可能保住性命。于是，后来的发明家也模仿莱特兄弟，都使用木头来造飞机。

　　可是很快，木头飞机就遇到一个大问题。

　　在飞机被发明出来大约 10 年以后，第一次世界大战爆发了。飞机被派上了战场，它可以用来执行侦察任务，甚至还能对地面进行轰炸。而地面上的军队看着它们飞来飞去，一点儿办法也没有。

　　后来，各个国家都学会了造飞机，情况就不一样了——你有飞机，我也有；地上打不着，我也开飞机上天打你！只不过，当时谁也没有在空中

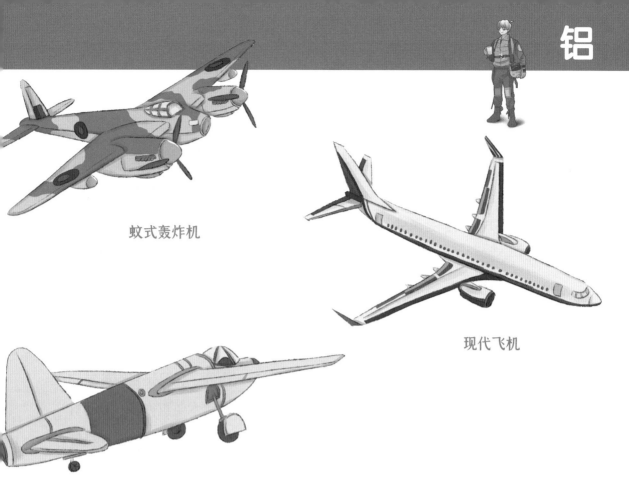

蚊式轰炸机

现代飞机

早期喷气式飞机

作战的经验，飞行员们就只能在两架飞机靠得很近的时候，试着用一些东西去砸对方。

你可能在电影里看到过这样的桥段：飞行员带着渔网，在被敌人的飞机跟踪时，就把渔网抛过去，渔网正好缠在敌机的螺旋桨上。最后敌机没有了动力，就只能仓皇落地。

这当然只是喜剧电影里的情节，不过，那个年代真实的空中飞机大战有时还不如这个呢。飞行员一般带的都是手榴弹，两架飞机靠近之后双方飞行员互相扔手榴弹来炸对方。但是当时的飞机还不稳定，飞行员双手一松，往往手榴弹没扔准，自己的飞机倒先失控了。

后来，法国工程师设计出一种可以在飞机上使用的机枪，不仅方便飞行员操作，而且更容易瞄准。这样一来，飞机之间的战斗变成了"决斗游戏"，双方比拼的是勇气。你想想看，普通的木板，对于练过武术的人来说可以一脚踢断，又怎么能扛得住机枪的扫射？所以，在当时的战争中大家就这样互相射击，飞机的木头一点点被打烂，直到一方认输。

那时，很多国家的工程师都在思考，有没有什么办法可以让飞机变得更结实一些？很快，德国的工程师们就造出了铝合金的飞机。

其实，用铝合金制造飞机的办法很早就有人想到了，可是当时的发动机技术太差了，铝合金虽然比钢铁轻很多，但还是比木头重得多，发动机带不动，所以一直没有能够制造出铝合金飞机。一战以后，飞机发动机技术有了很大的进步，随之就出现了铝合金飞机。

到了第二次世界大战的时候，铝合金飞机已经取代了木头飞机，成为主流。日本靠着先进的铝合金技术，造出了鼎鼎大名的"零式战斗机"。这种飞机使用的铝合金不但很轻，而且还很结实，能够防御当时的很多武器。就这样，在太平洋战争前期，零式战斗机所向披靡，让美国吃尽了苦头。

但是，零式战斗机并不是二战期间最"狡猾"的飞机。你可能想不到，有一种木头造的飞机，让当时所有的铝合金飞机都"追不上"。英国工程师们想出了一个怪招，他们想：发动机技术变好了，要是还用木头造飞机的话，飞机重量更轻，不就可以飞得更快了吗？于是，他们造出了当时飞得最快的飞机。尽管这种飞机是用木头造出来的，经不起打击，可是当时那些铝合金飞机慢吞吞的，根本就赶不上它。于是，飞行员开上这种飞机扔几个炸弹，然后掉头就跑，敌人也没办法。这种飞机就像蚊子一样

敏捷又狡猾，人们形象地称它为"蚊式轰炸机"。

只不过，蚊式轰炸机虽然战果辉煌，却也成了木头飞机的绝唱。

二战期间，喷气式发动机被使用在飞机上，它不仅可以让飞机飞得更快，也能让飞机飞得更高。如此一来，飞机的外壳就要经受更大的压力，再结实的木头也经不起这样的折腾。所以，二战以后，木头飞机就几乎看不到了，铝合金飞机终于统治了"飞机江湖"。虽然铝合金也有一些缺点，但是直到现在，还是没有其他材料可以完全替代它。

虽然铝元素看起来很普通，可它也是制造飞机这样的高科技产品不可或缺的材料。

咱们的下一章就说说硅元素，它也是一种看似普通却很"科幻"的元素。据说，以后硅基生命有可能要取代我们这些活生生的有机物生命了。这是怎么回事儿呢？我们下一章再说。

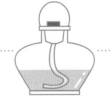

铝的重要化学方程式

1. 铝在空气中与氧气反应，在表面形成一层"盔甲"也就是氧化铝 (Al_2O_3) 薄膜，这层"盔甲"可以阻止铝进一步氧化。因此，铝具有很好的抗腐蚀性能：

$$4Al+3O_2 == 2Al_2O_3$$

2. 铝既可以溶于酸，也可以溶于强碱，是一种两性金属：

$$2Al+6HCl == 2AlCl_3+3H_2\uparrow$$

$$2Al+2NaOH+6H_2O == 2NaAl(OH)_4+3H_2\uparrow$$

硅
guī

14 号元素
第三周期第 IV A 族
相对原子质量：28.09
密度：2.33 g/cm³
熔点：1414 ℃

硅：制作芯片就是在 硅 上面刻图案

硅谷名字的由来

在开始讲硅元素之前，我先问你一个问题，你知道设计出苹果手机的苹果公司，还有开发出安卓系统的谷歌公司，它们都在哪里吗？

硅元素的这一章，就从这个问题的答案开始。

在美国加利福尼亚州，有个著名的地方叫硅谷，苹果公司和谷歌公司都设在那里。不仅如此，开发设计计算机和办公设备的惠普公司、开发计算机软件的微软公司、开发计算机硬件的英特尔公司，它们都在硅谷设有基地。

那为什么这样一个拥有很多高科技公司的地方要以硅元素来命名呢？相信你已经猜到了，因为硅元素是制造芯片的元素。不管是电脑还是手机，它们能够运转起来，靠的都是芯片。既然这些公司的业务都跟芯片有关，那用硅谷来命名这个地方，就再合适不过了。

单质沸点：3265 ℃
元素类别：非金属
性质：有两种同素异形体（无定形硅、晶体硅）
元素应用：玻璃、陶瓷、芯片
特点：地壳中含量第二的元素、重要的半导体材料

Si
Silicon

　　上一章提到过，在地球的表面，硅元素的含量仅次于氧元素。随手捡的一块儿石头或者一粒沙子，哪怕是悬浮在空气中的灰尘，一般都是由二氧化硅形成的，二氧化硅就是硅元素和氧元素结合形成的。而且，陶瓷、玻璃和水泥，它们的主体成分也是二氧化硅。总而言之，硅元素特别常见，那么这平平无奇的硅元素，是怎么摇身一变，成了高级的芯片呢？

石头

玻璃

芯片

沙子

陶瓷

水泥

"平平无奇" 的硅元素

这个故事要说起来，可就长了。

最早发现硅元素的科学家，是在上册书中好几个章节里都出现过的拉瓦锡。他从岩石中发现了这种当时还没人知道的新元素。不过，拉瓦锡却没能把硅元素单独分离出来。这是为什么呢？

第一个原因是岩石实在太硬啦！岩石里的二氧化硅是一种很坚固的物质，坚固到什么程度呢？举个例子，水晶就是没有杂质的二氧化硅，它的硬度都快赶上钻石了。

第二个原因是岩石很难被水溶解。在地球上，有些山已经存在上亿年了，经过这么多年的风吹雨打，那些岩石还没有变成粉末状，这个现象就能说明岩石的耐受力有多强了。你可能听说过硫酸、硝酸，这两个都是很厉害的酸，人要是不小心碰到了它们，皮肤都会被烧坏的，就是它们对岩石都不起作用，更不要提温和的水了。不仅一般的岩石不怕硫酸和硝酸，就连用沙子做成的玻璃也是一样的。因此，化学家们做实验都是用玻璃杯装硫酸、硝酸。

所以，虽然科学家已经知道硅元素无处不在，但是没办法把硅元素"揪"出来，它就像套了一层坚不可摧的铠甲一样。

那后来是怎么做的呢？说起来有些出人意料。你还记得吗？在氟元素那一章，我们提到舍勒把萤石和硫酸放在一起加热，然后玻璃瓶子就被腐蚀破了。正是这样一个意外，让科学家们找到了硅的弱点，原来硅元素怕氟元素啊。

于是，科学家们想方设法地做出了四氟化硅（四氟化硅就是硅元素和氟元素结合在一起形成的物质），然后又单独把硅元素从四氟化硅里提炼出来了。

但是对于这个结果，科学家们还是不满意。因为这种方法制取得到的硅是一些像铁屑一样的碎渣，看起来什么用都没有。于是，科学家们又花了好几十年，才制造出了硅元素的晶体，它看起来有点儿像灰色的铁块。

差不多就在同一时间，铝也被制造了出来。可是，硅和铝的命运可就差太多了。虽然硅晶体也有光泽，但是它通体发黑，比黑炭好不了多少，并不是很好看。而且，它也不像铝那样柔韧，随便敲一敲就会裂开。后来人们还发现，硅晶体甚至还不如黑炭呢。因为黑炭可以导电，所以被拿来做灯丝，而硅晶体的导电性不好，派不上用场。就这样，虽然人们好不容易才做出了硅晶体，但是把它冷落在一旁，这一冷落差不多就是100年。

那么，又是什么原因，让硅元素实现了"天生我材必有用"呢？

华丽变身

在1946年，人类发明了电子通用计算机，也就是电脑。

你肯定听说过，人类制造的第一台电子通用计算机特别大，但是性能却不怎么样。摆下这台计算机，需要差不多170平方米的空间，相当于一套四室两厅的房子。可是这台计算机的运算速度有多慢呢？每秒就只能做 5000 次运算。以苹果手机 iPhone12 为例，它的运算速度（11 万亿次每秒）大约是这台计算机的 22 亿倍！

　　这么笨重、运算速度这么慢的计算机，用起来当然很不方便。设计它的工程师们开始研究到底是什么导致的这一问题。很快，他们就明白了，原来是因为电子管太大了。

　　在这种计算机里，用来计算的零件叫电子管。如果想让计算机的计算速度变快，就要增加更多的电子管。可是，电子管长得就像一个灯管，实在是太大了，以当时的技术也没有办法做得更小，于是计算机就只能做得很大。

　　找到问题所在之后，工程师又设计了一种叫晶体管的零件来替代电

子管。晶体管其实不是真正的管道，它只是一种电路。你如果拆开过遥控器，就一定知道遥控器里面有很多铜线，那也是一种电路，晶体管就跟那些铜线很像。

可是，计算机上用的晶体管可不能用铜线去做，因为铜线的导电性太好了，不能用来计算。这里面的道理，要到大学课程中才会讲到。总之，要想做出晶体管，就要找到那种导电性不是特别好的材料，也叫作半导体材料。科学家们先想到了一种叫锗的元素，可是锗元素怕热，计算机一运转起来就发热，容易出问题，科学家们尝试过以后不是很满意。这时候有人灵机一动，想到了那个已经快被人忘记的硅元素。

没想到，硅元素比想象中还要适合制造晶体管，它的响应速度很快，而且不像锗元素那样怕热。

换上晶体管之后，怎么样才能把计算机做得更小一些呢？工程师们又找到了一种特别巧妙的办法。简单来说，这个办法的核心步骤就是先做好一块儿硅晶体，然后用激光在晶硅体上按照设计图纸进行雕刻，最后雕刻完就是想要的晶体管电路了。

就这样，随着雕刻技术越来越先进，晶体管也就越做越小。到了今天，一片指甲盖大小的硅晶体就可以让一台先进的计算机运行起来。人们叫这个硅晶体为芯片，代表它就是电子产品最核心的晶体片。

现在所有的高科技产品，不管是电脑、手机，还是机器人、汽车、飞机，全都离不开芯片，离不开硅元素。

硅基生命

如果你喜欢看科幻故事，说不定你在故事中听说过"硅基生命"这个词。在很多科幻故事中，硅基生命指的是那些比人类还要聪明的机器人。因为那些机器人的核心是硅元素制造的芯片，所以叫硅基生命[1]。而我们人类因为组成身体的蛋白质、脂肪、遗传物质等全都是以碳元素为基础的，所以我们是碳基生命。

不过，将来那些特别厉害的机器人，也许用的芯片就不再是硅元素制造的了！因为科学家们还在不停地研制新型的计算机，比如量子计算机，它就不是用硅元素做芯片的。另外，虽然我们是碳基生命，但我们也离不开硅元素，人体如果缺了硅元素就更容易衰老。

下一章我们要讲的元素对生命来说可比硅元素重要多了！它就是磷元素。在磷元素的故事里，既隐藏着墓地里"鬼火"的秘密，还隐藏着生命能量的秘密。下一章我们就来揭开这些秘密！

---

[1] 这里是指广义的"硅基生命"。

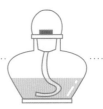

硅的重要化学方程式

在工业中，人们常常使用石英砂（二氧化硅）来提取硅单质：

$$SiO_2 + 2C = Si + 2CO \uparrow$$

磷

lín

15 号元素
第三周期第ⅤA族

相对原子质量：30.97

密度：1.88g/cm³（β 型白磷）

熔点：44.15℃（白磷）

磷：燃烧吧，ATP！

可怕的鬼火

你还记得，在氟元素那一章里，我们讲到过夜明珠发光的现象吗？科学家们把这种现象叫作磷光。可是，夜明珠里的主要成分不是氟化钙吗，并没有磷元素什么事，为什么要叫磷光呢？

这个问题，我们就要到墓地里面去寻找答案了。不用怕，我们不是真的要去墓地，我只是和你描述一下墓地里的场景。古代的墓地不像今天的公墓那样整齐干净，有时候就是杂草丛生的乱葬岗。别说晚上了，白天那里都是阴森森的，特别恐怖。有时候几只乌鸦突然飞过，呱呱地叫两声，迷信的人就会被吓得不行。

这还不是最恐怖的。有些墓地里，会冒出蓝幽幽的火光，有点儿像灯笼，但是飘忽不定，并且火光在闪过之后，马上就消失了。古代人哪里知道这是什么东西，就以为是人去世以后的鬼魂，于是给它起了个名字叫"鬼火"。据说，鬼火还会主动追逐人，谁要是被鬼火缠上，就要倒大

单质沸点：280.5℃（白磷）
元素类别：非金属
性质：常见的同素异形体有白磷和红磷
元素应用：燃烧弹、骨骼成分
特点：动植物体内含量较高的元素

P
Phosphorus

霉了。

你看，这个鬼火闪闪烁烁的，还会缠人，简直是太可怕了。于是，古代人就又给它起了个名字叫"燐火"。这个"燐"字的右半边，就有闪烁、缠人的意思。

虽然人们这么说，但是鬼火并没有真的缠住过谁。而且很奇怪的是，鬼火虽然看起来是火，可它并不像别的火那样，会把其他东西点着。后来，科学家们终于弄清楚了，原来鬼火是因为一种化学元素而产生的。这种元素的名字在翻译成中文的时候，就干脆定为"磷"。

你可能注意到了，很多化学元素的名字有金字旁，说明它们都是金属。也有很多化学元素的名字有石字旁，比如已经讲过的碳、硼、硅，这说明它们都不是金属，而且在常温、常压情况下它们就像是石头一样的固体。还有很多化学元素的名字里有气字头，说明它们一般都是气体。正是因此，现在我们常用"磷火"这个词，而不用火字旁的"燐"了。

可是，磷元素又是怎么产生鬼火的呢？

原来，人体中有很多磷元素，在墓地里，这些磷元素就会和氢元素结合，产生一种叫磷化氢的东西。

磷化氢的脾气特别古怪。前面说到过，氢气虽然很容易被点着，但也要在有火花或者有静电的时候才可以。而磷化氢就不一样了，只要遇到氧气，就算没有其他条件，它也会燃烧起来，冒出那种蓝里透着绿的火光。

这种现象就叫作自燃。

就这样，墓地里面只要产生一点点磷化氢，就会出现鬼火。但是因为磷化氢还没有积累很多，所以鬼火就有点儿像炒菜时油锅里冒出来的火星一样，闪一下就灭了，来不及把其他东西点着。古代人不知道这些道理，还以为鬼火就是一种不发热的冷火。

到现在我们已经知道鬼火就是磷火，那么夜明珠发出的磷光又是怎么回事儿呢？原来，这里有一个误会。

在欧洲，早在磷元素被发现之前，人们就开始使用 phosphor（磷光体）这个单词了。这个单词的意思是在黑暗中会发冷光的矿物，夜明珠当然也算是这种矿物中的一种，因此夜明珠发出的光就叫磷光。

后来呢，德国有一位炼金术士在炼金的时候，从尿液里提炼出来一种白色的粉末，发现它在夜晚也会发冷光，于是术士就给这种白色粉末起名叫磷（Phosphorus）。但实际上，纯净的磷是不会发出冷光的，而这种白色粉末很可能是因为不纯净，含有磷化氢杂质，与氧气接触就烧起了看似不发热的鬼火，被当成了冷光。

但当时的人没搞清具体情况，错误就一直流传了下来。其实磷光和磷元素完全没关系。夜明珠发出磷光，是因为夜明珠吸收了能量之后，非常

缓慢地释放出来。而如果纯净的磷元素燃烧起来，不光有温度，还很可怕呢。下面，咱们就来说说磷燃烧的威力。

最喜爱燃烧表演

磷单质有几个不同的品种（同素异形体），其中常见的有两种，一种叫白磷，还有一种叫红磷，它们都是因为颜色而被命名的。

白磷和磷化氢一样，很容易自燃。但是白磷着火以后，释放出的热量可就不是一星半点了，轻易就可以把别的东西点着。有一种很可怕的武器叫白磷弹。白磷弹爆炸之后，小块儿的燃烧着的白磷落到人身上，烧穿皮肉、深入到骨头里，让人十分痛苦。因为白磷太过危险，所以在实验室里，白磷都要放在水里才能保存，不让它和空气接触。

虽然红磷比白磷要稳定一些，但它也很容易被点着。过去的火柴，用的就是红磷摩擦点燃的原理。

燃烧就是磷元素最喜爱的表演，它燃烧的花样可多着呢！就连我们人体也需要靠它"燃烧"才能产生能量，只不过这是一种没有火焰的燃烧。

那什么时候你能感受到这种燃烧呢？

比方说，你要参加一场长跑比赛，跑过几圈以后，你渐渐有些力不从心。这个时候，一个对手从旁边超过了你，啦啦队的队员们都在冲着你喊"加油！加油！"，然后你就好像真的有了一股力量，这股力量就是磷元素送过来的。

在我们的身体里面有很多磷元素，骨骼的主要成分就是磷元素和钙元素。除了骨骼，我们身体的每一个细胞里也都含有磷元素，而且主要以磷酸的形式存在。磷酸是个很有趣的物质，它的形状有点儿像八爪鱼，就是爪子少了点儿，只有三条。这些"磷酸三爪鱼"会手牵手地排起队来。你想想看，人有两只手，左右各牵一个人，当然就没有多余的手了。可是"磷酸三爪鱼"牵手的时候，还多出一只爪子，它就可以用这只爪子抓住其他东西。抓什么呢？它们最喜欢抓的一种东西叫核苷。如果磷酸抓住一个核苷，它就能变出很多戏法，我们身体里的能量燃烧就是其中的一种。

这个戏法是这样变的：三个磷酸连在一起，再抓住一种叫腺苷的分子（腺苷是核苷的一种），它们合起来就叫三磷酸腺苷（ATP）。我们的每一

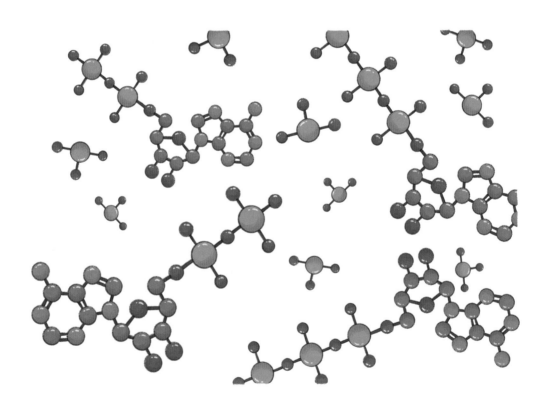

个细胞里面都有很多 ATP，它就像蜡烛一样燃烧自己，给细胞带来能量，这样细胞才能很好地工作。但是你也不用心疼它，因为它燃烧的时候，只是会掉落一个磷酸，变成二磷酸腺苷。等到你吃到肚子里的食物消化了，这些二磷酸腺苷又会重新吸收能量，装上磷酸，重新变成 ATP。

就这样，靠着 ATP 不停循环地燃烧，你才能健康地活着，跑步比赛的时候，你才能一咬牙超过前面的人。

既然是这样，要是在运动的时候，让 ATP 燃烧得更快一些，不就能跑得更快，跳得更高了吗？你要是这么想，我可劝你要小心了。

"安安静静" 地燃烧

俄罗斯有个非常厉害的网球运动员叫莎拉波娃。2005 年，刚刚 18 岁的她就已经成为世界排名第一的网球女运动员了。她打了十几年的网球，一共拿到了 36 个单打冠军，奖杯拿到手软。不仅如此，她还长得非常漂亮，人缘也很好，人们都喜欢叫她莎娃。

可是，在 2016 年，这样一位杰出的运动员却被禁赛了一年多。禁赛就是不允许她参加比赛了。

莎拉波娃自述，因健康问题，她平时会吃一种叫米屈肼的药。正因此，她才被禁赛。这种药本来也没什么特别的，但是后来却被人发现它会促进身体里面产生 ATP。这样一来，如果吃下了这种药，ATP 燃烧产生的能量就会增多，人体瞬间就可以爆发出更大的能量，简直就像是绿巨人变

23

身一样。

你想，如果你是莎拉波娃的对手，肯定会很有意见吧？因为吃了这种药，她突然变得更强，比赛就太不公平了。像这种药，在体育比赛中就被称为"兴奋剂"。兴奋剂有很多种，这种会促进人体产生 ATP 的，只是其中一种。世界上专门有一个反兴奋剂机构，其中的成员每天的任务就是找到那些有可能被当作兴奋剂的药物，然后这个机构再去给运动员们体检，看看都有谁在吃这些兴奋剂。要是运动员吃兴奋剂被查到了，就会被禁止比赛。

莎拉波娃就是这样被禁赛的。

其实，不让运动员吃兴奋剂，除了让比赛更公平，也是为了运动员的健康着想。就以米屈肼为例吧，虽然它能够让人爆发出更多的能量，但它同样也会对人体产生很多伤害。就像家里的燃气灶，本来正常地燃烧没有什么危险，要是把阀门开到最大，那火焰就会有些可怕；要是还不满意，继续给燃气加压，虽然火是烧得更旺了，但是一不小心，就可能会把房子给烧着了。

再说回磷酸，它可不是只有这一个本事，抓住核苷以后的磷酸就叫核苷酸。或许这个名字你听起来觉得有些陌生，但我换个说法，你肯定就恍然大悟了——生命的遗传物质 DNA 就是核苷酸手拉手组成的链条。在核苷酸里，"磷酸三爪鱼"抓到的四种核苷就是我们的遗传密码了。爸爸、妈妈带给你的基因，就写在这个遗传密码里。

磷就是这样一种元素，不管在哪里，它都喜欢燃烧自己。但是，你必须让它"安安静静"地燃烧，才不会带来祸患。

磷

下一章，我们要讲的这个元素也和磷元素一样很容易燃烧，而且它已经给人们带来过灾难。它就是硫元素。下一章，我们就来会会它！

磷的重要化学方程式

磷在空气中燃烧，生成十氧化四磷：

$$4P+5O_2 \xrightarrow{\text{点燃}} P_4O_{10}$$

另外，因为磷不会与空气中除氧气外的其他成分反应，所以可以通过磷的燃烧测定空气中氧气的含量。

硫

liú

16 号元素
第三周期第 VIA 族
相对原子质量：32.06
密度：2.07 g/cm³
熔点：115.21 ℃

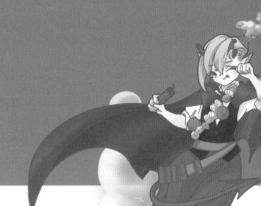

硫：传说中来自地狱的元素

难闻的二氧化硫

在介绍氮元素的那一章里，我们说过火药爆炸主要是因为反应过程中产生了大量氮气。那么，逢年过节的时候，你有观察过别人放鞭炮的场景吗？除了噼里啪啦的响声、爆炸的闪光，你肯定还能闻到一股呛鼻子的味道吧！

氮气是无色无味的，那这种气味又是从哪里来的呢？这就跟这一章要讲的硫元素有关了。

咱们一般把火药爆炸产生的烟雾叫作硝烟，这是因为火药有了硝石才会爆炸。不过，硝烟的味道却与硝石、氮气没关系，它是火药里的另一种原料硫黄产生的。硫黄就是硫元素形成的物质。

火药爆炸以后，硫黄会变成一种叫二氧化硫的气体，就是这种气体，让你感觉很刺鼻。它闻起来不光有些酸，还有些臭。你如果闻多了二氧化硫，可能会感觉恶心，甚至还会头痛，引发一些疾病。

单质沸点：444.61 ℃

元素类别：非金属

性质：常温下为淡黄色脆性结晶或粉末

元素应用：火药、硫酸、硫黄皂

特点：远古时代就为人所知，游离态在地表分布十分广泛

S

Sulfur

更可怕的是，二氧化硫还会溶解在水里，再和氧气结合以后变成硫酸。所以，要是空气中有很多二氧化硫，雨水里就会含有硫酸，这就形成了酸雨。酸雨会腐蚀很多东西，让金属生锈、植物死亡、墙皮掉色等，是一种很严重的自然灾害。

现在，我们国家有很多地方已经禁止燃放烟花爆竹了，目的之一就是减少二氧化硫排放，减少污染。

"地狱元素"竟在我们身边

可是，就算不放鞭炮，空气中的二氧化硫也经常会超标，它们又是从哪里来的呢？

如果你的家在北方，每年到了暖气启动的时候，你可能经常闻到二氧化硫的味道，那是因为暖气是通过煤炭燃烧加热的；要是你的家在南方，碰巧附近有电厂，说不定也会经常闻到刺鼻的味道，因为很多电厂是用煤炭发电的火电厂。如果这些工厂用的煤炭质量不太好，里面就会含有一些硫，这样的煤炭烧过以后，就会产生二氧化硫了。

还有，如果你的头发不小心被火点着了，也会产生刺鼻的气味，那其实也是二氧化硫的味道。头发主要是由蛋白质构成的，而且含有比较多的硫元素，燃烧之后就跟煤一样会产生二氧化硫。

关于二氧化硫的味道，现在咱们已经说了很多。但其实，这只是硫元素献给人类的一道"小菜"，更刺激的还在后边呢！

不知道你有没有见到过发臭的鸡蛋。鸡蛋放得太久不新鲜了，蛋壳一打开，你会看到鸡蛋液已经发绿了，还发出浓浓的臭味。那个臭味比二氧化硫还要厉害得多，它也和硫元素有关系。

鸡蛋和头发一样，也是由一些含有硫元素的蛋白质构成的。要是放得太久，就会有一些细菌在鸡蛋里面繁殖。这些细菌把鸡蛋里的蛋白质当作了养料，却消化不了其中的硫元素，结果硫元素就以硫化氢的形式排放出来。

不只是鸡蛋里的细菌会这样。你可能听说过，我们的肠道里也有很多细菌，它们可以帮助我们分解掉食物里的养分，对人体来说很有用，所以就被叫作益生菌。可是，就算是这些益生菌也没有办法分解所有的成分，特别是硫元素，它在细菌的作用下很容易转化成硫化氢。

说到这儿，你是不是已经

猜到了？这就是我们放屁很臭的原因啦。没错，硫化氢就是屁中臭味的主要来源。而且，硫化氢可不只是气味很难闻，它还有毒！如果这样的臭屁不能放出去，而是憋在身体里面，就会被身体吸收，对身体很不好。所以，虽然放臭屁是一件让人很尴尬的事情，但是真的遇到这种情况，你不要总是憋着，可以找一个没有其他人的地方排放出去，这样既不会让别人讨厌，对自己也好。

难道说就没有更好的办法了吗？我们能不能少放点儿臭屁呢？办法还是有的！那就是少吃含硫量高的食物。鸡蛋虽然含硫量也高，但我们该吃还是要吃。要减少放臭屁，我们只能对别的食物"下手"了。

说起来挺神奇，很多含硫量高的食物往往有浓烈的香气，例如葱、蒜、韭菜等。它们都是百合科的植物，跟百合花是亲戚。葱、蒜的香味跟百合花浓烈的香气一样，这都是硫元素的功劳。可惜的是，吃下去的时候香，从人体排出去的时候，这些硫元素就变成臭屁了。所以，如果你真的想少放点儿臭屁，那只能克制自己，少吃点葱、蒜这类食物啦。

不过话说回来，放臭屁虽然尴尬，但也是人之常情。我就很任性，才不会为了少放臭屁就不吃百合科植物呢，它们多美味呀。可是，你我任性没关系，要是地球也这么任性，人类可就要遭殃了。

地球的"臭屁"

难道地球也会放臭屁吗？你别急，听我慢慢讲。

1826 年，有一位年仅 23 岁的化学研究者李比希，他在德国成立了一座实验室，要在这里专心研究农业。

你可能会好奇，为什么一个化学研究者要去研究农业呢？

原来，就在李比希小时候，世界上发生了一场殃及全地球的灾难。

本来那几年欧洲的日子就不好过，人口数量暴增，食物不太够吃，各个国家都开始打仗，一片混乱。

到了 1816 年，发生了一件更可怕的事情。那年的夏天不像往年，本该炎热的夏天居然下起了雪。到了冬天，气温就更低了。就是因为气温太低，那一年欧洲的粮食大幅度减产，很多人都在挨饿，估计有 10 万人都饿死了。这场惨剧，还是少年的李比希看在了眼里。

可是，饥荒还没有结束，在接下来的好几年里，粮食产量还是很低，更多的人在生死线上挣扎。

李比希后来回忆起这场灾难，感慨地说，如果不是在这之前的几十年里，很多人已经在战争中死去的话，也许有 200 万人面临饿死的危险。

那为什么突然间气温会下降这么多呢？李比希也不是神仙，在他那个时代并没有得到准确的答案，但是李比希记住了这场灾难。他勤奋地学习各种知识，去法国留学，又在回到了德国以后，建立了实验室专门研究农业问题。他要让全世界的人都不会再饿死。

已经成为化学家的李比希确实做到了。李比希提出了农业上非常重

要的最小因子定律。后来有人发现这个定律在很多学科里都是成立的，它就成为更广为人知的"木桶定律"。意思是说，木桶能装多少水，取决于最短的一块儿板，这就是"短板"这个词的来源。李比希还发明了化学肥料，让粮食能够更稳定地生长。

更加让人感觉不可思议的是，李比希在实验室里培养了很多学生。这些学生，还有这些学生的学生，都是非常伟大的科学家。到现在为止，在所有获得过诺贝尔奖的科学家中，李比希的学生以及再传学生在众多师门中是最多的。

再说回那场刺激到李比希的大灾难，这场灾难的元凶，正是硫元素。

原来，在 1815 年，位于印度尼西亚的坦博拉火山爆发了。这是人

类知道的有史以来最大的一次火山爆发。爆发的声音传播了几千千米，相当于在北京听到了来自广州的声音，可见火山爆发的威力有多大。火山爆发就是地球内部的岩浆从地表喷射出来，原理很复杂，但它喷射的形式有点儿像人类的排便过程，地球也会把它不需要的东西排放出来。

和人类一样，地球好像也没有办法消化硫元素，所以在火山爆发的时候，总是会顺带放一个"臭屁"，喷射出很多硫元素。这些硫元素到了空气中以后，就会变成二氧化硫。二氧化硫夹杂在烟尘当中飘到大气层的高处，把太阳的光芒反射回去，这样就只有很少的一点儿阳光照射到地面上。于是，地球上的气温就会下降很多，庄稼就没法好好生长了。

更加恐怖的是，这些二氧化硫还会变成酸雨，让粮食持续减产，一场大饥荒就这样形成了。所以你看，地球放了一个"大臭屁"，整个世界都会乱套呢。

在地球上，恐怕也就只有硫元素才会有这么大的威力了吧！所以人们说，假如存在地狱，那地狱里肯定充满了硫黄的味道，就是因为硫元素"可怕"至极。

下一章，咱们还要说一种有味道的元素。二氧化硫虽然厉害，但没人把它当毒气使用。下一章，咱们就要讲讲第一次世界大战里的毒气战了！这个毒气就跟氯元素有关。快点儿带上防毒面具，咱们出发吧。

硫的重要化学方程式

1. 二氧化硫溶于水生成亚硫酸，亚硫酸进一步被氧化形成硫酸型酸雨：

$$SO_2+H_2O \Longrightarrow H_2SO_3 \qquad 2H_2SO_3+O_2 \Longrightarrow 2H_2SO_4$$

2. 浓硫酸具有氧化性，铜与浓硫酸反应，且加热条件下可加快反应速率：

$$Cu+2H_2SO_4（浓）\overset{\triangle}{=\!=\!=} CuSO_4+2H_2O+SO_2\uparrow$$

（铜不与稀硫酸反应）

3. 浓硫酸可用来制取盐酸：

$$2NaCl+H_2SO_4（浓）\overset{\triangle}{=\!=\!=} Na_2SO_4+2HCl$$

氯
lǜ

17 号元素
第三周期第 VII A 族
相对原子质量：35.45
密度：3.214g/L（0℃，1atm）
熔点：－101.5℃

氯：金门大桥为什么**每天**都要粉刷？

残忍的化学武器

这一章我们要讲的这种元素非常危险，100 多年前它在战场上夺走了很多士兵的性命。现在，我就带你一起穿越时空回到战场，会一会这种元素。注意了，请跟我一起戴上防毒面具，它可是有毒的！

那是在第一次世界大战期间，法国和德国正打得不可开交，双方力量差不多，自然就陷入了拉锯战。士兵们都窝在战壕里面，不肯露头。

这个时候，德国人动起了歪脑筋，他们设想：要是有一种武器能够直接打到对方的战壕里，事情不就好办了吗？于是，他们想到了化学武器，也就是想办法把有毒的东西投放到法国人的阵地上，让战壕里的法国士兵中毒，这样就能不战而胜了。

德国人说干就干，他们请来了一位科学家。这位科学家不是别人，就是讲解氮元素那一章里提到的哈伯。哈伯是当时全世界顶尖的化学家之一，但是他在使用化学武器这件事上做得很不地道。哈伯不仅支持用毒气

Cl
Chlorine

作为武器，而且还亲自到前线指导，告诉军官们如何操作。

那么，哈伯选择的是什么毒气呢？没错，正是氯气，也就是氯元素形成的气体。氯气是一种黄绿色的气体。谁要是吸了它，很快就会感觉到喉咙不舒服，想咳嗽；过一会儿就会感到窒息，要是来不及逃跑的话，就只能坐着等死了。

当德国人把这些氯气投送到阵地上以后，那些躲在战壕里的法国士兵还不知道发生了什么，只见一片黄绿色的雾气飘过，大家就已经中毒了，一天时间就牺牲了上万人。法国人只好撤退，阵地也被德国人夺走了。

事后，法国人一琢磨，德国科学家这也太不讲"武德"了吧。于是，法国也有一位科学家站了出来，他要为法国的战士们报仇。这位科学家叫格林尼亚，他也是当时世界上非常厉害的化学家之一，获得过诺贝尔化学奖。

格林尼亚找到了另外一种叫作光气的毒气。光气也含有氯元素，但它比氯气更隐蔽、更危险。氯气是黄绿色的，光气没有颜色；氯气有刺鼻的气味，光气没有味道；氯气闻到以后会咳嗽、头晕，光气不会带来明显的反应，神不知鬼不觉地就要了人命。

于是，当格林尼亚指挥士兵投放光气的时候，那些躲在战壕里的德国士兵可能正在呼呼睡大觉呢，稀里糊涂地就丢掉了性命。

后来，战争的双方就这么你来我往，互相投放了很多次化学武器。而这些化学武器里面，很多都含有氯元素。等到战争结束以后，人们发现在战壕里被毒死的士兵非常悲惨，那些幸存下来的士兵也承受着巨大的痛苦。毒气伤害了他们的身体，有的人终身残疾，有的人得了怪病，有的人神志不清。看到这样的惨状，人们才开始反思，化学武器这么残忍，是不是应该禁止在战争中使用？

所以，到了现在，你要是经常看新闻就会注意到，不管是谁，只要使用了化学武器都会被全世界谴责。渐渐地，除了那些丧心病狂的坏蛋，已经很少有人使用化学武器了。

破坏大桥的危险分子

氯元素不仅会毒害人类，还有一些没有生命的东西也有可能会被它破坏。

在美国的许多电影里，你都能看到一座橘红色的跨海大桥，它就是位于旧金山市的金门大桥。这座大桥对于美国人来说就跟南京长江大桥对于中国人来说一样，具有非常特殊的意义。从某种程度上说，金门大桥甚至就是美国的象征。

不过，金门大桥的"命"却不太好。在许多超级英雄电影还有怪兽电影里，它都是大反派们最喜欢破坏的建筑：在《X战警》里，万磁王使用超能力把金门大桥连根拔起；在《终结者》里，金门大桥被核弹炸得渣都不剩；怪兽哥斯拉也曾经推倒过它。总而言之，金门大桥恐怕是在电影里

被摧毁次数最多的建筑了。

幸好在现实世界里，金门大桥没有那么多敌人。核弹、万磁王、怪兽当然是不会在现实世界里捣乱的，就算是旧金山经常发生地震，金门大桥也都扛了过去。

所以，如果你现在去旧金山旅游，肯定还能看到这座 1937 年就建好的大桥依旧巍然屹立着。如果走到桥下，你可以看到粗大的铁索直冲云霄，橘红色的桥身反射着阳光，桥下蓝色的大海蔓延到地平线边际，那景象可真是震撼人心。

不过，你再仔细看看：怎么桥上还有那么多工人在干活呀？远远地看过去，他们像蚂蚁一样小，好像正在刷漆呢！

没错，只要天气好，金门大桥上就会有工人一直不停地刷漆，从大桥建成到今天已经刷了好几十年了。虽然别的大桥也会有人维护，但像金门大桥这样每天刷漆的，恐怕全世界也仅此一例吧！这是怎么回事儿呢？

你可能猜到了，金门大桥最大的一个敌人就是氯元素，非得刷漆抵抗它才行。

在金门大桥成功建造以前，人类还没有在海水上方修建过这么大的铁索桥。铁索桥虽然很结实，但是钢铁也有它脆弱的地方，那就是特别容易生锈。生锈就是氧元素和铁元素结合，导致铁质物品变成红棕色碎渣的过程。如果铁索全都变成了碎渣，金门大桥恐怕就要像电影里一样掉进大海里了。

生锈这件事儿，本来跟氯元素没有什么关系，但是在海洋中，情况就不一样了。你可能还记得，海水中有很多食盐，它们的成分是氯化钠，也就是氯元素和钠元素结合形成的产物。

正常情况下，氯元素会老老实实待在海水里。但在旧金山的这片海面上，经常会云雾缭绕，每当这个时候，雾里面也会夹带一些氯元素。当这些氯元素吸附在铁索上以后，就会和铁元素结合。别看氯的含量并不大，可它一旦钻到铁索内部就会破坏钢铁的"护甲"，于是铁就更容易和氧结合变成铁锈了。

也就是说，氯元素虽少，却会加速铁和氧的结合。像这种现象，在化学上就叫作"催化"。在氯元素的催化作用下，海上的桥就更容易生锈，因此工人们便只能一有机会就爬到金门大桥上刷漆，用这些油漆去保护大桥。

到了今天，正因为一直都在刷漆，所以金门大桥才能保持着光鲜的

橘红色。有些人不远万里来到旧金山，就为了要和这座桥拍一张美丽的照片。

如今，为了解决生锈的问题，工程师们已经找到了更好的钢铁材料。因此，现在的海上大桥已经不那么稀奇了。要是你去参观中国新建的港珠澳大桥，不光会看到大桥像巨龙一样，一会儿蜿蜒在海面上，一会儿又钻到海底的景象，而且还会发现没有工人时常在桥上忙着刷漆，这都是科技带来的改变。

竟然也是居家好帮手？

氯元素自打从战场上"退役"以来，科学家们也帮它做了很多改变，让它成为咱们日常生活中必不可少的东西。比如在自来水里，或者在游泳池里，我们经常会闻到一种特别的气味。人们会说，这是消毒水味儿。其实，这就是氯气的味道。

大量的氯气有毒，但是这么一点儿氯气是不会对我们造成伤害的，反而对我们很有用。因为水里有细菌，可能会传染疾病，所以要用消毒剂去把这些细菌杀死。而我们常用的消毒剂就正好含有氯元素。消毒剂在水里放久了，其中的氯元素就会变成氯气冒出来，散发出刺鼻的味道。

如果你的家里有洁厕灵，用的时候也会闻到一股特别的味道，虽然没有二氧化硫那样臭，却比二氧化硫更刺激一些。这种味道也和氯元素有关。因为洁厕灵里用到的主要成分叫氯化氢，也叫盐酸，它的酸性很强，

比醋强上万倍，所以才会特别呛人。洁厕灵里有了盐酸，就能够溶解一些顽固的污垢，可以用来清洁墙上的瓷砖。不过，要是家里选用的是大理石的材料，可千万不要用它，因为盐酸也能够溶解大理石。

所以你看，氯元素虽然曾经毒死了那么多人，但在科学技术的改造下，变成了人类的好帮手。它整天不是忙着消毒就是在打扫卫生，真说得上是一位清洁卫士了！

下一章，我们要认识钠元素的好兄弟钾元素。跟钠元素忙着挣钱不同，钾元素"特别关心"农民的生活，它给土地带来了能量，让庄稼茁壮成长，甚至让亚马孙雨林变得无比繁茂。下一章，咱们就来认识一下这位"农业大咖"吧！

氯的重要化学方程式

1. 在实验室里，我们常通过二氧化锰和浓盐酸在加热条件下反应制取氯气：

$$MnO_2 + 4HCl（浓）\xlongequal{\triangle} MnCl_2 + 2H_2O + Cl_2\uparrow$$

2. 氯气十分活泼，可以和多种金属反应，生成金属氯化物：

$$2Na + Cl_2 \xlongequal{点燃} 2NaCl$$

钾

jiǎ

19 号元素
第四周期第 I A 族

相对原子质量：39.10
密度：0.86g/cm³
熔点：63.5℃
单质沸点：759℃

钾：泥巴掺了钾，变成金坷垃！

不一样的金属元素

说起金属，你可能会想到变形金刚、钢铁侠这些非常结实耐打的超级英雄，他们那么厉害，至少有一半的功劳得归金属。可是，并不是所有的金属都这么耐打。

在元素大家庭里，有一类金属，它们质地柔软，一捏就碎，而且脾气暴躁，放在空气里就坏了，放在水里就要燃烧，它们就是碱金属。咱们之前讲到的锂和钠都是碱金属，这一章，我们再讲一种新的碱金属——钾。

纯净的钾元素是一种闪耀着银白色光芒的金属。但你要是把金属钾放在空气中，它就会吸收空气里的氧气和水，金属光泽瞬间就会消失，变得灰蒙蒙的。要是你把它丢到了水里呢，那就更可怕了，金属钾和水剧烈反应生成氢气，氢气很快就会被引爆。于是这时候你就会看到金属钾漂在水面上，旁边噼里啪啦地冒出紫色的火光，就跟放烟花一样。

元素类别：碱金属
性质：纯净的钾为银白色软质金属，
暴露在空气中表面呈蓝灰色
元素应用：肥料、火药、低钠盐
特点：在自然界中不能以单质形态存在，
以盐的形式广泛分布于陆地和海洋

$$2K+2H_2O=2KOH+H_2\uparrow$$

危险实验！

名副其实的土地神

金属钾这么危险，看起来对人类没有多少用处。不过，当钾元素和别的元素结合起来之后，对人类来说就变得很有用。它会让土地肥沃、万物生长，简直称得上是一位"土地神"了。

这位"土地神"有一个爱好，那就是制作拉面。

在你居住的城市里，可能很容易就可以找到一家兰州拉面的餐馆，说不定你也吃过招牌兰州拉面。拉面的面条咬起来很筋道，一弹一弹的，很多人都爱吃。可你知道吗，正宗的拉面里其实添加了一种"脏脏"的东西——蓬灰。蓬灰就是把一种叫蓬草的植物点燃后剩下的灰烬。做拉面的厨师在和面的时候，会往面粉里加一把蓬灰。

这么想想，是不是突然觉得拉面不香了？植物的灰烬，连动物都不吃，我们却要把它吃进肚子里。但问题是，要是没了蓬灰，拉面也不会好吃了。

原来，蓬灰里含有一种叫碳酸钾的物质，它是碱性的。把蓬灰和面粉混合在一起的时候，碳酸钾就会改造面粉里的一些蛋白质，让它们变得更容易连接起来。于是，蛋白质们手拉着手，软软的面团就跟橡皮筋一样有弹性了。这时候，拉面师傅就能把面团拉成很长很细的面条，还不会断。而吃的时候呢，你也会觉得拉面更有弹性，面条简直要在嘴里跳起来了，口感一级棒。

等你上了初中化学课就会知道，蓬灰是草木灰的一种。如果我们把树叶、秸秆、枯草之类的东西点燃，最后剩下来的灰烬统称为草木灰，所有的草木灰里都含有碳酸钾。

草木灰参与了拉面的制作过程，如果回溯一下，你会发现早在麦子磨成面粉之前，草木灰就已经为拉面做出贡献了。

在硫元素那一章里，我们提到过，大化学家李比希发现了影响农作物生长的木桶定律。定律表明，农作物是否可以生长得很好，并不是取决

于土壤里含量非常丰富的元素，比如氧、硅、铝，而是取决于土壤中含量很低的元素。这就像是一个木桶，它能装多少水，就看最短的那块儿木板有多长了。

那么在农田里面"短的木板"是什么元素呢？李比希经过很多年的实验，终于证明，有三种化学元素是农田里容易缺乏的，分别是氮、磷、钾。过去有一句广告词，叫"肥料掺了金坷垃，吸收两米下的氮、磷、钾"，说的就是金坷垃特别厉害，能够让农作物的根钻到两米深的土壤下，去吸收氮、磷、钾这三种元素。虽然广告有点夸张，但它表明的情况却是对的，说明植物很容易缺乏氮、磷、钾。

那么在氮、磷、钾这三种元素里面，哪个是"最短木板"？李比希认为就是钾元素。你可能还记得，磷元素最早是在尿液里面发现的，同时尿液里面的尿素含有很多氮元素，所以，人或动物的排泄物可以做成肥料，给土壤补充磷元素和氮元素，但是农田缺乏钾元素怎么办呢？

农民根据多年经验好不容易发现了一个规律：如果一茬儿作物收获了以后，把剩下的秸秆烧掉，将烧完的草木灰留在地里，下一茬儿作物就会长得更好。好比有一块地，夏天种玉米，秋收后种小麦。在玉米收完以后，可以把玉米秆直接放在田里烧了；等到收小麦的时候，也同样把小麦秆放在田里烧了，这样作物的产量就会更高。当然，也有的地方没有烧秸秆，而是把秸秆和排泄物放在一起做成肥料，再把这种肥料送到田地里，这种方式也能提高作物的产量。

那个时候的农民并不知道原因是什么，但现在我们明白了，这些做法

都可以让土壤里面的钾元素更多一些。

其实，土壤里的这些钾元素也不是凭空产生的，它们原本就在土壤里面，只是作物生长的时候吸收了一部分，土壤里的钾元素就变少了。等到收割的时候，要是把这些秸秆里的钾元素还给土壤，下一茬儿作物再长的时候，就又可以吸收到钾元素了。

这些做法，在中国坚持了很多年。因为中国古代的农民相信，不能从土地里面无限地索取，也要偿还回去，这样才能每年都有好收成。李比希很赞同这样的做法，也希望能够向中国学习。但是，他不知道的是，中国其实是一个非常缺少钾元素的地方，要不是用这样的办法耕种，土壤就会

更贫瘠了。

你可能不敢相信，全中国有大约四分之一的耕地都是缺钾的，这些耕地基本在南方。反倒是北方那些容易在黄河发洪水时被淹没的地区，有着丰富的钾元素。这倒也不奇怪，古埃及人就已经发现，在那些容易被尼罗河的河水淹没的地方，农作物总是能够生长得很好。这都是因为泥沙里有很多钾元素。

黄河里的泥沙，是黄河从黄土高坡上冲刷下来的。正因如此，黄河的流水携带了一些钾元素。可是，这更加让人难以相信了，因为黄土高坡看起来光秃秃的，明明很贫瘠呀，怎么会不缺钾呢？

这里面的学问可大着呢。

现在的科学家经过研究发现，黄土高坡上的那些黄土其实是从很远的地方吹过来的风沙。它们飞到黄土高坡这里落了下来，就跟家里的桌子上会堆积灰尘一样。每过一万年，黄土高坡大约就会堆积一米厚的黄土，就是这些风沙携带了很多钾元素。

那么这些风沙又是从哪里来的呢？经过追踪，我们才发现，原来它们是来自新疆一带的戈壁滩。这些戈壁滩的气候太干燥了，因为没有水，所以这里几乎长不出植物，简直就是一片遍地碎石子的荒漠。但奇怪的是，它们却蕴含了很多钾元素。

等到刮风的时候，戈壁滩上飞沙走石。小石头被打成更小的沙子，于是就随风被吹到了黄土高坡，也把钾元素带到了这里。再后来，黄河又把钾元素"搬"到了更远的地方，于是中国北方的土地就变得肥沃了。

其实，在地球的另一端，也在发生着同样的事情。撒哈拉沙漠的沙子会随着风跨过几千千米宽的大西洋，落在亚马孙雨林里。亚马孙雨林的土

壤本来很贫瘠，就是靠着撒哈拉沙漠才补充了钾元素，长出了今天这样茂盛的树木。大自然就是这么神奇。

不过，大自然的"搬运"也会带来严重的水土流失。虽然黄河把钾元素带到了很多地方，但还有很多钾元素随着它流入了大海，十分可惜。所以，我们现在想方设法在黄土高坡上植树，不让水土流失，也是想把钾元素和其他一些元素都留住。我们也在新疆建起了钾肥工厂，直接生产含有钾元素的化肥，把它们送到有需要的地方去。

所以你看，钾元素的旅行走遍了整个地球，不光让土地肥沃，还让整个地球的植物都生机勃勃，"土地神"的称号真是非它莫属了。

下一章，我们说说钙元素。关于钙元素，我先留一个问题：一提到钙元素，你脑子里会蹦出来一种什么颜色，为什么呢？下一章咱们就来瞧瞧钙元素的颜色！

钾的重要化学方程式

钾与水剧烈反应生成氢气：
$$2K+2H_2O == 2KOH+H_2\uparrow$$

钙

gài

20 号元素
第四周期第 II A 族

相对原子质量：40.08
密度：1.54 g/cm³
熔点：842 ℃

钙：仙丹没炼成，豆腐来捣乱

猜一猜，钙是什么颜色？

这一章要讲的元素叫钙。听到钙这个名字，你是不是觉得特别熟悉啊？平时爸爸、妈妈让你多喝牛奶，总说喝牛奶补钙，是不是？

那么，我就要问你了，你觉得钙是什么颜色的呢？你一定觉得钙是白色的吧？因为咱们平时喝牛奶补钙，牛奶是白色的；有些人还会吃钙片，钙片也是白色的；补钙跟骨头有关，骨头还是白色的……

不过，实际上钙是一种银光闪闪的金属。知道了这一点，你就能理解为什么钙元素的名字里有个金字旁了吧。不过，钙这种金属很不稳定，在空气里很容易和别的元素结合，形成白色的物质。

在钙元素形成的物质里，有一种矿物格外神奇，它叫石膏，正式的名称叫硫酸钙。粉笔里就有石膏。如果有人骨折了，也会在伤处打上石膏固定。这石膏不也是白花花的，有什么特别呀？

如果你见过石膏矿石，可能就不会这样想了。石膏矿石看起来晶莹剔

单质沸点：1484 ℃
元素类别：碱土金属
性质：常温下为银白色金属
元素应用：粉笔、石灰、玻璃、冶金
特点：人体中含量最多的金属元素

Ca
Calcium

透，就像水晶一样。不过，它没有水晶那么硬，摸起来还滑滑的，表面上像是抹了油一样。所以，古人给它起名叫石膏。这个"膏"，就是肥肉的意思。石膏的意思是说它简直像石头里长出来的肥肉，摸起来滑腻腻的。

意外发明的美食

古代的中国人看到特殊的矿物，比如石膏，常常会拿来做一件奇怪的事情，那就是炼丹。炼丹跟古代西方的炼金术有点儿相似。你肯定在电视剧里见过太上老君的炼丹炉吧。一个大炉子，下面点着火一直在烧。那炉子里是什么呢？其实就是很多看起来很特别的矿石，还有一些金属。古代的中国人相信，把它们放在特制的炉子里烧就能炼出来仙丹。人们把仙丹吃下去能变成神仙，长生不老。

在汉朝，就有这么一位非常出名的炼丹人，他叫刘安，是当时的淮南王。很多人相信，他是少数炼丹成功的人之一，最后还飞上天做了神仙。这是怎么回事儿呢？

据说，刘安炼丹的时候特别虔诚，也不像别的炼丹人那样着急。于是，他的诚意感动了上天，玉皇大帝就派了八位仙人来帮助他。这八位仙人从太上老君那里学会了炼丹，并且带着这些技术来帮助刘安。最后，刘安在他们的帮助之下，炼出了仙丹，变成了神仙。成仙的那一天，刘安跟他的家人们一起手拉着手，全都飞上了天。就连他家里的鸡、狗，也因为吃了剩下的仙丹，全都成仙了。这就是"一人得道，鸡犬升天"的典故。

当然，这些传说都是后人编造出来的。实际上，刘安不但没有修成神仙，还因为涉嫌谋反，被皇帝逼着自杀了。

虽然刘安炼丹成仙的故事是假的，但是他在炼丹的时候却发明了神奇的副产品———一种食物。这件事情也跟石膏有关。不过，历史上没有明确记载，刘安到底是怎么发明这种神奇的食物的。在这里，咱们不妨发挥想象力，进行一次情景再现。

话说，有一天早晨，刘安和他的炼丹助手们正在边吃早餐边炼丹。早餐吃的什么呢？那可就不太清楚了，但是他们肯定喝豆浆了。大家正在吸溜吸溜、开心地喝豆浆，恰好到了往炼丹炉里加石膏的时候。谁知道今天负责给炼丹炉加石膏的人是一个马大哈，他一不小心就把石膏给弄撒了，其中一些石膏掉进了豆浆里。大家正在责骂这个马大哈呢，没想到，过了一会儿豆浆里就出现了白花花的固体。

大家发现这玩意儿不错啊，看起来颜色漂亮、又白又嫩，闻起来还有一丝丝隐约的豆香，这不会就是仙丹吧？有胆子大的人一尝，这"仙丹"吃起来又香又软，口感真不错啊！不过，吃完这个东西，那人等了半小时也没成仙。过了好几天，他还是没成仙……看来，这玩意儿不是仙丹，而

是一种美食呀。这个美食其实你也吃过，就是豆腐脑。要是将豆腐脑再放一放，把里面的水挤压出来，它就变成豆腐了。没错，豆腐就这么被发明出来了。

据说，刘安炼丹的地方就在现在安徽省寿春县的一座小山上，也正因此，传说中豆腐的发明地也在这个地方。这座山本来没有名字，因为传说有八位仙人来这里帮助刘安，所以这座山就被叫作八公山。直到现在，"八公山豆腐"还是一道很有名的地方美食。

那么，石膏是怎么把豆浆变成豆腐的呢？这都是石膏里面钙元素的功劳。

黄豆磨碎煮成豆浆，在这个过程中，黄豆中的蛋白质都被打散漂在水里了。石膏里丰富的钙元素会拉住这些蛋白质，把它们结合在一起，这样就形成了豆腐。可不要小看石膏里的这些钙元素！在古代，肉是一种很稀缺的食物，而肉里面含有的蛋白质却是其他食物很难替代的。古人不知道什么是蛋白质，可是他们发现吃黄豆就跟吃肉一样对身体有好处。然而，黄豆虽然可以提供很多蛋白质，但也有一些不容易消化的物质，如果吃多了，肚子就会胀气、不舒服，导致营养成分也不容易被身体吸收。在豆腐被"发明"出来之后，只要人们把石膏放进豆浆里，钙元素就会只把蛋白质给凝聚起来，而那些不好消化的物质自然就被剔除了。

钙元素把豆浆点成了豆腐，才让古代人就算不吃肉也不容易缺乏蛋白质。所以，在中国古代，正是这些钙元素让普通人也可以摄入足够的蛋白质，有益于健康。

除了凝聚蛋白质，这些钙元素本身对我们人类也是非常重要的。豆腐既补钙又补充蛋白质，一举两得，这么说的话，豆腐也算是一种对咱们身体健康有利的"仙丹"啦。

那些你不知道的用途

那么钙还有什么其他的用处呢？

听到这个问题，你或许会抢答：补钙可以长个子！没错，钙是构成骨骼和牙齿的重要成分。由于有了钙元素，骨骼和牙齿才会这样坚硬。要是人在长身体的时候缺少钙元素的话，骨骼发育不健康，个子就会长不高，甚至还可能导致各种疾病。

而且在我们的身体里，钙元素不光是牙齿和骨骼的主要成分，也是血液的一种成分。它会参与我们神经系统的活动，要是血液里的钙元素不够，就很容易导致抽筋。

其实，钙元素不是只对我们的身体有帮助，它在生活中还有很多重要的用途。比如含有钙元素的石灰，盖房子的时候就需要用到它。石灰可以把砖头黏在一起，而且它很白，还可以用来粉刷墙面。

如果你去桂林看山水，肯定会被那里秀丽的山色吸引。那些山就像是竹子一样，仿佛是从地里冒出来的，那些水制造出很多神奇的溶洞。这种景象叫作喀斯特地貌，碳酸钙在这种地貌形成的过程中扮演了很重要的角色。

还有我们现在用得最多的玻璃叫作钠钙玻璃。在制造它时，钙元素也起到了很重要的作用。要是没有钙元素，玻璃就会更脆，也许轻轻地震一下就碎了。

所以，别看钙元素不起眼，它的作用可大着呢！

下一章，我们来讲一种非常强大的金属元素——钛。我先问个问题：你知道钛这个名字有什么独特的含义吗？下一章除了告诉你这个问题的答案，还会带给你一个建筑大师的感人故事。咱们下一章再说。

钙的重要化学方程式

1. 金属钙非常活泼，常温下与水剧烈反应，生成氢氧化钙和氢气：

$Ca+2H_2O = Ca(OH)_2+H_2\uparrow$

2. 高温煅烧石灰石（包含碳酸钙）可以得到生石灰（氧化钙）：

$CaCO_3 \stackrel{\text{高温}}{=\!=} CaO+CO_2\uparrow$

钛
tài

22 号元素
第四周期第 IV B 族
相对原子质量：47.87
密度：4.50 g/cm³
熔点：1670 ℃

钛：国家大剧院是怎样"炼"成的？

化学元素界的"泰坦"

你肯定知道希腊神话里的"众神之王"宙斯吧？他端坐在奥林匹斯山之上，统治着世间万物。可是，在宙斯当上神王之前，统治世界的是另一个神族——泰坦族。泰坦族的力量非常强大，因此到了现在，不管是在游戏里还是电影里，只要你听到用"泰坦"这个词来形容的，那肯定都是一些厉害的角色。比如，在电影《泰坦尼克号》里不幸沉没的那艘船"泰坦尼克号"，它之所以取这个名字，就是因为它是当时世界上体积最大的客运轮船，在轮船界简直就像泰坦族一样厉害了。

那么，如果化学元素里面也有"泰坦"元素的话，会是哪个呢？化学家们把这个位置给了钛元素，钛元素的英语名称为 Titanium，就是指泰坦般的金属。

你可能会觉得奇怪，我们平日里不是常说像钢铁一样强大吗，难道钛元素比钢铁还厉害？没错，它不仅比钢铁更强大，而且强大得多。

单质沸点：3287 ℃
元素类别：过渡金属
性质：常温下为银灰色金属
元素应用：人造关节，建筑、航天、运输领域
特点：现代金属，在医疗领域有广泛应用，可做光催化材料

Ti
Titanium

这可不是在吹牛。

在 2020 年 10 月，我们国家有一艘"奋斗者"号全海深载人潜水器，在太平洋里慢慢地下潜，一直潜到在一万多米深的马里亚纳海沟成功坐底。在那么深的海洋里，压力也大得很。如果是一个人站在马里亚纳海沟底部，他身上承受的压力大约相当于一列火车开过。可是，"奋斗者"号下沉到那里却安然无恙，科学家们坐在里面兴致勃勃地看着海底的景象，还能操控机械手去完成一些实验。

"奋斗者"号之所以能够勇闯深海，就是因为它的外壳用上了钛元素，这样你就能想象钛有多强了吧？

其实，并不是钢铁不能用来造潜水器，同样尺寸的钛和钢铁，硬度是差不多的。比方说，有一根钢丝，一个人用尽吃奶的力气可以把它掰弯；如果换成同样粗细的钛丝，想要掰弯它也要

哇~好轻！

这么大的力气。可是，同样粗细的钢丝比钛丝重了将近一半，就像一个体重 150 斤的人却只能和一个体重 100 斤的人打成平手。这样一比，金属钛当然就赢了。

除了能够耐受巨大的压力，钛元素还有一个更特别的"法术"，让它成了潜入海底的最佳选手。

你可能还记得，在讲到氯元素的那一章时，我们提到金门大桥需要每天刷漆才能抵御海面上氯元素的腐蚀。一般的钢铁，放到海水里用不了多久就会锈迹斑斑。可是，金属钛不一样，曾经有人把它放在海水里泡了好几年，结果拿出来的时候它还是跟新的一样。这种性质叫作耐腐蚀性。

生活中，金子就是一种耐腐蚀性特别好的金属。很多黄金首饰不管戴了多久，还是会闪闪发光，从来都不会生锈。可是，金属钛比金子的耐腐蚀性还要强。有一种腐蚀性特别强的液体叫王水，它是由浓硝酸和浓盐酸按体积比为 1∶3 混合组成的液体。金子碰到王水就会溶解，可是把钛放进王水里却完好无损。

正因为有了这样的特性，金属钛很适合在那些特别极端的环境下使用，既可以下潜到深海，也可以发射到太空。除了刚刚提到的"奋斗者"号全海深载人潜水器，我们国家发射到月球上的"玉兔"号月球车，车轮也是用钛做成的。

所以，钛元素也被叫作第三金属，排在铁和铝的后面。人们相信，金属钛将来也能和铁、铝一样，被用在各种地方。

只不过，金属钛也有个怪脾气：它很难被加工成固定的形状。比方说，你用机器把一块儿钛板压弯了，只要机器一松开，钛板就立刻恢复原

样。而你要是用机器切割钛板呢，它又特别容易致使机器损坏。工程师们这些年来经过不懈的努力，总算掌握了一点儿门道，强大的钛在生活中才有了一些用途。如果你去参观北京天安门斜对面的中国国家大剧院，就可以看到那巨大的穹顶，穹顶外层就是由一片片钛板建成的。

屋顶竟用金属造？

这让人感到有些奇怪，屋顶为什么要用金属来建造呢？

故事还要从国家大剧院的建造说起。

早在 1958 年，党中央就决定要在天安门广场的西面建一座大剧院，让全世界最杰出的艺术家们都能来这里演出。可是，那时候的新中国还没有修建大剧院的人才。就这样，修建国家大剧院的计划被搁置了 40 年，直到 1998 年，建设计划才真正开始实施。

虽然 20 世纪末的中国已经强大了许多，可还是没有修建这么大的剧院的经验，于是国家邀请全世界的建筑师们出谋划策，从中选出最好的方案。

经过一年多严谨的评选，这个重任最后落在了法国建筑师安德鲁的肩上。提起安德鲁，他可是鼎鼎大名的设计师。他在全世界设计了超 60 座机场，比如上海浦东国际机场的一期航站楼就是请他设计的。除了机场，他还设计了很多大型建筑物，在重庆、济南、上海等城市都有他的杰作。不过，安德鲁自己最满意的作品还是位于阿联酋的阿布扎比机场，那确实是一座壮观的艺术品，如今已经成为阿布扎比的一处地标性建筑，很多人专程到那里参观。

在安德鲁的设计生涯里，也有遗憾，那就是他为日本大阪设计的海洋博物馆。其实，这件作品非常漂亮，它是一座球形建筑，外层全是玻璃，坐落在大阪的海岸边。远远看去，这座球形建筑就像是一颗巨大的水晶球漂浮在海面上。要想到内部参观，游客们需要走过一段海底隧道，参观的过程既有趣，也很有仪式感。

可安德鲁对它很不满意，因为他原本设计的尺寸比实际成品要大多了。如果说他的理想是一座泰坦级的作品，那么现实中的作品不过是小白兔，根本没有达到他所要的那种震撼的效果。

当安德鲁被任命为国家大剧院的设计师以后，原本想大展拳脚的他设计了好几套方案都没能通过，这让他一度产生了退出的念头。直到后来，在法国驻华大使的劝说下，安德鲁才重新鼓起勇气，立志设计出全世界最优秀的大剧院。

这时，安德鲁突然有了灵感，如果说大阪海洋博物馆是一件不完美的"实验品"，那么体型更大的完美作品，是不是可以在中国完成呢？在他看来，中国正在繁荣发展的阶段，是他心目中的泰坦建筑诞生的理想之地。只是建造大剧院的位置并不临海，需要挖出一个大大的人工湖来"扮演"大海，这一点让他有些犹豫。

没想到，他提出这个想法以后，上级部门很快就通过了，决策者特别支持他的想法。就这样，国家大剧院的设计方案确定了下来。那是一个巨大的椭圆形穹顶，在一片清水中露出头来，仿佛是还没有开花的芙蓉。人们要想进去看戏，就要经过水下的玻璃长廊，在长廊里只要抬头就可以看

见湖底。

安德鲁此时已经彻底放下包袱，他要把最好的构思献给这座建筑，其中最重要的就是穹顶的材料。一开始，他设想还是继续使用玻璃。但转念一想，这可是几百米宽的大剧院，玻璃真的能够胜任吗？而且，与十几年前设计大阪海洋博物馆时相比，人们的审美有了很大变化，大家看腻了玻璃外观的大楼，也不再喜欢玻璃房里温热的感觉。

安德鲁又想到了得意之作阿布扎比机场。在那座候机楼上，他创造性地使用了钛板做成的屋顶。因为阿联酋盛产石油，将石油卖到全世界赚了很多钱，所以阿联酋可以不惜代价使用当时还很奢侈的钛合金。

可是中国会同意吗？安德鲁有些战战兢兢地提出了这个想法。但是他没想到，这个想法又一次通过了。原来，在进入 21 世纪以后，中国的钛合金产业飞速发展。中国本就拥有极其丰富的钛资源。不论是开采钛矿还是加工钛板，中国的技术都很过硬，而且产量也不小，不像阿联酋只能高

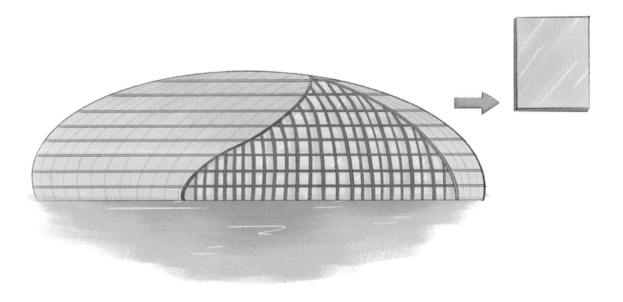

价进口钛板。所以在中国，钛合金的价格也越来越低，它虽然比铝合金要贵一些，但已经不再是天价了。

于是，国家大剧院这座泰坦建筑用上了钛。大剧院的这个巨大的椭圆形穹顶，一共使用了一万八千多块钛板，几乎每一块的形状都不一样。

比起玻璃，钛板不仅能够起到隔热的作用，更特别的是，钛板在经过风吹雨打以后不会被腐蚀，只有表面薄薄的一层会和氧元素结合，呈现浅红色的效果，再配合灯光的使用，钛板的色彩就更多样了，红的、粉的、蓝色、紫的，美不胜收。

安德鲁用钛板装点了国家大剧院，让它成为如今北京著名的景点。对安德鲁来说，夙愿得到满足，同时他也耗费了很多心血。他本来还计划将大剧院作为自己设计新方向的一个开始，可是等大剧院落成以后，安德鲁坐在剧院里观看第一场节目时，猛然意识到，大剧院就是自己的绝笔，他不可能再设计出比这更经典的作品了。

这就是国家大剧院和钛元素的故事。

钛元素因为耐腐蚀、不易生锈，所以才受到了重用。可是钢铁那么容易生锈，又该怎么办呢？我们下一章就来帮帮钢铁！

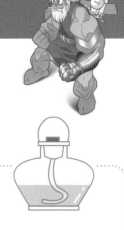

钛的重要化学方程式

高温下，金属钛与氧气发生反应，生成二氧化钛：

$$Ti+O_2 \xlongequal{高温} TiO_2$$

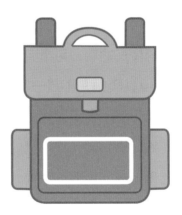

铬

gè

24 号元素
第四周期第 VI B 族

相对原子质量： 52.00
密度： 7.18 g/cm³
熔点： 1907 ℃

铬：不锈钢闪闪发光的奥秘

钛钢里面没有钛

上一章，我们已经见识了钛元素的神奇，它特别耐腐蚀，放在海水里面还能保持光泽。在生活中，有一种钢叫作钛钢，它也有这样的本事，很多人都以为这是用钛元素做成的钢，可事实却不是这样。

我们经常说钢铁，但其实钢并不是一种元素，而是铁元素和其他元素形成的合金。我们最常见的一种钢叫作碳钢，是铁元素和碳元素结合形成的。除了碳钢，还有铁元素和硼元素形成的硼钢，铁元素和钒元素形成的钒钢，铁元素和锰元素形成的锰钢，等等。总之，铁元素和什么元素结合，最后形成的钢就叫什么钢，唯独钛钢是个例外。

在钛钢里面并没有钛元素，钛钢是由很多种元素组成的，其中最重要的就是这一章要说的铬元素。

单质沸点：2671 ℃
元素类别：过渡金属
性质：常温下为银白色金属
元素应用：铬涂层、不锈钢
特点：自然界中硬度最大的金属单质、有较强的耐腐蚀性

Cr
Chromium

铬竟围绕在我们身边

虽然铬这个元素听起来有些陌生，可它在生活中却一点儿都不少见。如果你看到有些物品的外表是金属的，而且还是银白色的，在太阳底下闪闪发光，那么它很有可能就是铬元素做成的。

举个例子，在汽车的最前方，两个车灯的中间，一般都有一个叫作进气格栅的零件，它的作用是给发动机输送空气，让汽油燃烧。一般汽车的进气格栅，还有品牌标志，很多是银白色的，也很有光泽，那就是铬元素的杰作。室内的物品也是一样，比如镜子的镜架，有很多也是用铬元素做成的。

为什么这些物品都要用铬元素呢？这就要说到一种叫电镀的工艺了。电镀就是用通电的办法，把一种元素覆盖在一个物品上面。假如你现在有一辆玩具汽车，你想在上面涂一层铬，只要把玩具车放到含有铬元素的液体里面，然后给小汽车通上电，液体里面的铬元素就会慢慢地吸附在小汽车的表面，等到一段时间以后，小汽车的表面就被镀上了一层铬。

能够用来电镀的元素可多了，人们常说"镀金"，就是把金子镀在一些物品上面。但是，镀铬和镀金可不一样，镀金是为了让那些东西看起来像金子，因为金子很值钱，镀金以后就会显得价值更高、更漂亮；铬元素并不是很珍贵，镀铬只是为了保护内部的成分。一般来说，镀铬的物品都是用铁铸造的，因为铁在空气中太容易生锈了，所以需要有其他元素来保护它，人们选来选去，就选中了铬元素。

这个铬元素，它被选中可不是偶然的。

虽然能够保护铁的元素有好几种，但是保护能力最强的就属铬了。铬有很强的耐腐蚀能力，虽然比不上钛元素，但它还有一个特别厉害的性能——铬元素和氧元素结合后，会在铁制物体表面形成一层致密的薄膜，可以阻止空气和水与铁元素接触，这样物体就很难再被腐蚀了。

虽然像铝这样的元素也会和氧元素结合形成保护层，但它们形成的保护层光泽暗淡，而铬元素形成的薄膜充满光泽。所以，人们都爱用铬。

那么问题来了，既然铬元素的性能那么好，也不是很珍贵，为什么我们不直接用铬来制造各种物品呢？

这是因为，铬还有个特别的地方——它是所有金属里面最硬的一种。如果用铁锤去敲打一块儿金属铬，铁锤会变形，而金属铬说不定什么事儿都没有。《西游记》里说孙悟空是铜头铁脑，刀枪不入，其实要是谁拿上金属铬做成的刀枪，连孙悟空都会害怕。

这样一来，我们没有办法"对付"大块儿的金属铬，就只能用电镀的办法使用它了。

电镀也有缺点

电镀的时候需要用到含有铬的液体，这种液体被叫作电解液。等到电镀结束以后，电解液就没有用处了，只能丢掉。过去的人们缺乏环保意识，直接把没有经过处理的电解液排放到河水里。结果，河里的鱼、虾被毒死了。原来，金属铬虽然没有什么毒性，但是电解液里面的铬元素毒性却很大，别说体积很小的鱼虾了，就是人类也不能喝这样的水。

因此，镀铬虽然很好看，而且镀铬技术也很早就已经被人类掌握，但它一般只用在需要装饰的物品上。要是全世界的铁都因为怕生锈就去镀铬，那我们的环境就要被含有铬的电解液污染了。

那有没有什么办法，既能够让铁不生锈，又不会造成那么大的环境污染呢？

　　170多年前，钢铁厂里的很多工程师都在思考这个问题，有些人就想：要是把铬和铁结合在一起，变成一种含有铬元素的钢，也就是铬钢，结果会怎么样呢？

　　这个想法直到1908年才由德国的工程师们试验成功。

　　为什么等了这么久呢？炼钢的时候需要把金属铁加热到熔化，变成红热的铁水，温度超过1500摄氏度，这时候，要是把其他元素和铁水融合在一起，冷却以后就可以变成合金了。可是，金属铬不只是硬，它还有个特点就是特别难熔化，要加热到1900摄氏度以上，才能化成液态的

铬水。那个时候的炼钢炉烧的是焦炭，炉子里的温度平均只有 1500 摄氏度左右，这个温度把铁熔化是足够了，却不能把铬熔化，当然就造不出来铬钢了。

而德国工程师用了另外一种炉子，那是当时最先进的电炉。炉子里面放电的时候，温度可以达到三四千摄氏度。有了电炉的帮忙，德国克虏伯公司的工程师们率先制作出了铬钢，这就是现在不锈钢的前身。克虏伯公司是德国的军工企业，直到现在也是德国最大的钢铁公司之一，他们以前生产出来的克虏伯大炮和虎式坦克非常有名。

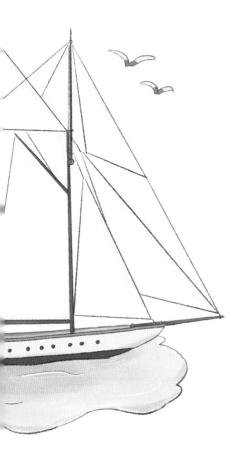

　　但是第一个生产出铬钢以后，克虏伯并没有乘胜追击，发明出不锈钢。工程师们发现，铬钢虽然继承了铬的优点，不像普通钢铁那样容易被腐蚀，可是它也继承了铬的强硬属性，变得又硬又脆，既不好加工，也不适合制造枪管和炮管。

　　克虏伯的老板看这种铬钢这么昂贵，普通人大概率用不起它，因此觉得没必要用心地研制了。恰好这个时候，他的女儿要出嫁，夫君是一位伯爵大人。为了让女儿的婚礼风风光光的，克虏伯的老板决定用这种铬钢为女儿打造一艘帆船，让新婚夫妻驾驶着它环游世界。有了这种钢材打造的外壳，帆船就不会被海水腐蚀了。这在当时可以说是最奢侈的一种材料！于是，克虏伯在发明铬钢以后的几年一直为了这艘帆船忙个不停，却忘了向全世界宣告自己发明了这种新型的材料。

　　德国人的对手没有闲着。1912 年，英国有位名叫布雷尔利的工程师为了制造枪管，也炼出了铬钢。

　　和德国人不同的是，英国人发现铬钢虽然不能用来制造枪管，但是可以用在餐具、轴承之类的物品上。在布雷尔利的带领下，英国人成功制造了各种铬钢物品。因为铬钢不容易生锈，人们就给它起名叫不锈钢。布雷尔利成了公认的不锈钢发明人。而克虏伯的那艘帆船，在第一次世界"大战"期间，成了英国人的战利品。这时候英国人才发现，原来德国人居然领先一步造出了铬钢，只可惜他们并没有把握住机会。

　　如今，随着不锈钢的加工技术发展得越来越好，它早就不是什么奢侈品了，已经成了生活中离不开的一种材料，比镀铬的钢材用途可大多了。就以厨房里的物品举例吧，菜刀、锅铲、勺子，有很多都是不锈钢制成的。还有在介绍氯元素那一章里说到的港珠澳大桥，光是大桥钢筋所用的

铬

不锈钢就有 8000 多吨。

而且现在的不锈钢还有很多种不同的型号，其中有一种叫 316L，因为耐腐蚀性太好了，就像金属钛一样，于是就被人叫作"钛钢"了。读完这些，你可要记得，钛钢其实不含钛，而是铬钢的一种。

除了铬元素，下一章我们要说到的锰元素也是一种经常被用来制造钢铁的元素。只不过，铬闪闪发光，锰却黑得像张飞，它的本领也跟张飞一样大。下一章，我们就来会会这个元素里的"猛张飞"。

铬的重要化学方程式

三氧化二铬为深绿色固体，既可溶于酸，也可溶于强碱：

$$Cr_2O_3 + 6HCl == 2CrCl_3 + 3H_2O$$
$$Cr_2O_3 + 2NaOH \overset{\triangle}{==} 2NaCrO_2 + H_2O$$

锰
měng

25 号元素
第四周期第 VII B 族
相对原子质量：54.94
密度：7.44g/cm³
熔点：1246℃

锰：比张飞还"猛"的金属！

有个性的"锰张飞"

这一章，我们要讲的元素叫锰元素。你可能对这个名字有些陌生，不过没关系，锰元素很有个性，相信马上你就会记住它了，可能这辈子都忘不掉。

锰元素的锰字，就是凶猛的"猛"把反犬旁换成了金字旁。说到凶猛，你是不是想到了三国时期最厉害的武将之一——张飞，他有个外号就叫"猛张飞"。在大家的印象里，张飞是个皮肤黝黑、性格鲁莽的大汉。不过呢，还有一个歇后语说他有时候心思也很细腻，那就是：张飞穿绣花针——粗中有细。这个锰元素就和猛张飞一样，也是个粗中有细的"黑脸莽撞大汉"。

为什么这么说呢？这一章，我们就把"黑脸""莽撞""粗中有细"这三个特点逐一说一说。

单质沸点：2061 ℃

元素类别：过渡金属

性质：常温下为银白色金属，表面易氧化，
呈现为黄色或黑色

元素应用：炼钢、圆珠笔尖、电池、消毒剂

特点：活泼的亲氧金属

黑脸

地球上的锰元素可不少，只是有很大一部分都在海里。提起大海，你有没有潜过水？如果在海里下潜到几十米深的地方，你会看到一些珊瑚，还有小鱼在珊瑚中间玩耍。

但是，在更深的海底，海藻和动物几乎都看不见了，环境有了很大的变化。人们把先进的仪器下沉到海底进行探测，发现除了一些岩石和海底火山，还有很多球形的东西。它们有点儿像金属，表面疙疙瘩瘩，外形黝黑，看起来就和张飞的黑脸差不多。

经过研究，科学家们发现，这种黑疙瘩的成分很复杂，含有 30 多种金属元素，而且不同地区海底取出来的疙瘩成分也不一样。但是，它们也有一个共同的特点，就是含有很多锰元素。于是科学家就给这些黑色的疙瘩起了个名字叫"锰结核"——以锰为核心团结在一起的实心疙瘩。

到现在为止，全世界陆地上已知的锰元素矿产加起来大约有几十亿吨，而光是日本到美国之间的太平洋海底分布的锰结核，估计就有上万亿吨。也就是说，海底的锰元素大约是陆地上的几百倍，真是一笔不小的财富。

那为什么锰结核一般都是黑的呢？

　　其实，不只是海底的锰结核，就连陆地上的锰矿石一般也是黑色的。这是因为锰元素容易和氧元素结合，形成一种叫二氧化锰的物质，而二氧化锰就是黑色的。锰结核里的锰元素主要以二氧化锰的形式存在着，当然就把锰结核给染成了个大黑脸。

　　至于单纯的锰金属，虽然它本应是银白色的，但它的表面也难免会和氧气结合。产生二氧化锰以后，金属锰就跟画了脸谱一样，变成灰黑色，活像一个猛张飞了。

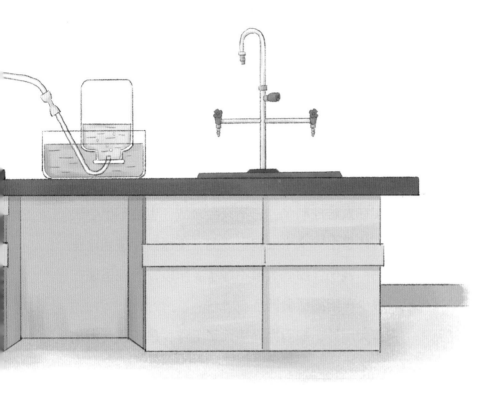

看看如何莽撞

现在我们知道，锰元素在外貌上已经跟张飞八九不离十了，那我们再来看看它的性格是不是跟张飞一样莽撞。

如果你患过真菌或者细菌感染的疾病，医生也许会给你开一种叫 PP 粉的药剂。这是一种深紫色的粉末，很容易溶解在水里，只要一两颗就能让一杯水变成紫色。用这种粉末泡的水冲洗感染的地方，要不了多久就可以把那些真菌、细菌杀死。

这种紫色的 PP 粉，是一种含有锰元素的物质，它叫作高锰酸钾。因为高锰酸钾中的锰元素处于一种很不稳定的状态，就像是喝了酒的张飞一样，脾气非常暴躁，所以只要稍微加热一下，它就坐不住了，马上分解成好几种成分，其中一种就是前面说到的二氧化锰，还有一种是氧气。将来你上初中学了化学，就会学到加热高锰酸钾制备氧气的实验了。

由于高锰酸钾非常暴躁，和那些真菌接触的时候，它就跟上了战场的张飞一样，东砍西杀，把敌人杀得片甲不留。

可问题是，高锰酸钾实在太难控制了，它不只会杀敌，也会不小心砍杀自己人。你应该知道，人体是由一个个细胞组成的，高锰酸钾碰到这些细胞的时候，也可能会把它们误伤，那就大事不好了。所以，医院里现在已经有了更多的替代品，很少再用高锰酸钾了。

你看看，锰元素本来有大用处，却因为莽撞丢了工作，是不是有点儿可惜呢？

咱们先别替它着急，赶快再给它找找优点，看看锰元素能不能跟张飞的第三个特点一样——"粗中有细"。

怎样粗中有细

说起"细"，在生活中，除了绣花针的针眼，另一个我们容易见到的"细"就是圆珠笔的笔尖了。

圆珠笔之所以拥有这个名字，是因为它在笔尖的位置有一颗非常小的

圆珠，比一粒沙子还要小。我们写字的时候，这颗圆珠会转动，把笔芯里的墨带到纸上，这样就能写出字来了。

很多人都以为圆珠笔专门指的是笔芯里装有油墨的那种笔。其实，咱们平时用得更多的水性笔和中性笔，从定义上来讲也是圆珠笔。因为它们的笔尖里同样也有一颗小圆珠。圆珠笔的价格非常便宜，一支笔芯可能只要几毛钱就能买到，正因此，很多人都不知道，圆珠笔其实是一种货真价实的高科技产品。

为什么这么说呢？

全世界都知道"中国制造"有多厉害，从飞机、汽车到玩具、袜子，我们通通都可以造得又快又好。而且我们制造出这些东西以后，还会出口到很多国家，圆珠笔就是其中的一种，全世界大约五分之四的圆珠笔都是在中国生产出来的。

可是，你知道吗？虽然我们每年都能够生产出几百亿支圆珠笔，但是圆珠笔的笔尖曾经却都依赖进口，就因为我们国内以前还没有掌握生产笔尖的技术！别说中国了，当时全世界也只有一两家工厂才能够把圆珠笔的笔尖生产出来。

你看，这圆珠笔是不是高科技产品？

说到这儿，你可能会觉得圆珠笔的高科技就体现在那颗小圆珠身上。其实这是一个大大的误会。圆珠笔的笔尖主要由球珠和球座体两部分组成。笔尖上的球珠虽然是圆珠笔写字时的大功臣，但它毕竟只是一个简单的球体，只要这个球体的材料足够硬，不容易在写字时磨损，再加上大小能正好放进笔尖里，就满足要求了。

既然球珠容易制造，那么技术难题在哪里呢？很多人都想不到，问题的关键就在球座体上。工厂在生产球座体的时候，是用一整根钢丝慢慢掏出内里的结构，然后再把球珠放进去的。球座体的里面要雕刻出来 5 条很细很细的引导墨水的沟槽。在这个关键位置，加工精度至少要达到千分之一毫米，也就是比头发丝的五十分之一还要细小的程度。

而且，制造这个球座体还得用一种不生锈、容易切割、不易开裂的材料。因为在放置球珠的位置，那薄薄的一圈金属可是十分脆弱的，在加工的时候一不小心就坏掉了。

就这样，人们花了几十年的时间，才终于为球座体找到了一种非常合适的材料，那就是锰钢——以锰元素和铁元素为主制造出来的一种钢。有了这种钢，我们终于能舒舒服服地用圆珠笔写字了。

所以你看，莽撞的锰元素是不是比张飞还厉害？张飞只是穿了个绣花针，而球座体中的沟槽比绣花针的针眼还细呢！这个粗中有细的称号，锰元素是当仁不让的。

实际上，锰钢可不只是能够用在圆珠笔的笔尖上。在工业中，它属于特种钢，很多精细的结构材料都要用它去制造，像航空母舰这样的先进装备，更是离不开它的贡献。所以，要是圆珠笔的笔尖造不出来，就意味着

制造锰钢的技术还不够成熟。

话说回来，现在你不用担心中国的圆珠笔制造技术了。因为在 2017年，太原钢铁厂已经成功地研究出生产笔尖的技术，而且在很大程度上降低了制造成本。我们再也不用依赖进口了。这真是一件大快人心的好事，我忍不住要给"中国制造"点个赞了！

说完了锰元素，下一册我们就要说到久违的铁元素了。对于它，你可能已经了解了一些，但肯定也有很多疑问。下一册，我们就来看看铁这个熟悉的面孔后面，还藏着什么不为人知的秘密。

锰的重要化学方程式

高锰酸钾晶体被加热时容易分解，释放出氧气：
$$2KMnO_4 \xrightarrow{\triangle} K_2MnO_4 + MnO_2 + O_2 \uparrow$$

79